KB129907

탄 생 의

과 학

탄생의 과학

하나의 세포가 인간이 되기까지
편견을 뒤집는 발생학 강의

최영은 지음

웅진지식하우스

프롤로그

"발생학이 뭔가요?"

처음 만난 사람들에게 학교에서 발생학을 가르친다고 제 소개를 하면 가장 먼저 받는 질문입니다. 발생학은 하나의 세포가 하나의 개체로 변화하는 과정을 공부하는 생물학의 한 분야입니다. 여기서도 제가 가장 좋아하는 부분은 우리가 태어나기 전에 일어나는 발달 과정입니다.

"정자와 난자가 만나면 생기는 건 달랑 세포 하나죠. 그런데 태어나는 아기는 사람 형태를 하고 있잖아요. 그 사이에 엄마 배

속에서 일어나는 많은 변화들이 바로 제 수업 내용입니다."

이런 제 답변을 듣고 나면 발생학이라는 생소한 단어에 거리감을 느끼던 사람들의 눈빛이 반짝입니다. 그러고는 질문을 쏟아내지요. 불임 시술부터 자폐증이 있는 조카 이야기, 차세대 치료제라고 언론에서 띄우는 줄기세포까지. 초면이라는 사실도 잊은 채 이젠 자리까지 잡고 앉아 신나게 과학 이야기를 나눕니다.

인간이 탄생하는 것을 경이롭다, 신비롭다고 추상적으로 표현할 수도 있지만 그 이면에는 정교하고 치밀한 과학 이야기가 있습니다. 누가 알려준 것도 아닌데 배아 내 세포들은 각자의 역할을 찾고, 있어야 할 자리로 움직이고, 옆 세포들과 함께 각종 기관을 만들어냅니다. '나를 만드는 과정'을 설명하는 과학에 귀 기울이다 보면 탄생의 위대함은 배가 됩니다.

그리고 발생학에는 여러 드라마가 녹아 있습니다. 이 세상 그 어떤 것에도 비할 수 없는 엄마의 큰 사랑도 있고, 차차 진로를 정해가는 세포들의 성장통도 있습니다. 선천적 장애를 갖고 태어나는, 또는 태어날 기회를 잃어버리는 안타까운 사연, 좀 더 나은 인간을 만든다는 명목으로 배아를 어찌 해보고 싶어 힐끔힐끔 기회를 엿보는 위험한 시도도 있습니다. 게다가 발생학은 암 치료, 약 개발과 같은 의과학과도 맞닿아 있기 때문에 순수 과학이 어떻게 우리의 일상을 바꾸어놓을 수 있는지도 보여줍니다.

이러한 발생학의 매력을 학교 밖 사람들에게도 널리 알리고 과학은 어렵다는 선입견을 바꾸고 싶은 마음에 발생학 분야에서 잔뼈가 굵은 학자는 아니지만 약 2년간 《과학동아》에 '강의실 밖 발생학 강의'라는 제목의 칼럼을 연재했습니다. 그리고 좀 더 많은 사람들과 소통하고자 칼럼 글을 고치고 또 고쳐 이렇게 책으로 엮었습니다.

1강은 우리의 시작, 그 첫 번째에 있는 정자와 난자의 만남을 다룹니다. 기다리는 난자와 돌진하는 정자 같은 기존의 상식이 맞는지, 과학의 눈으로 점검해봤습니다. 2강은 자연 유산부터 임신 중독까지, 생명을 품은 여성의 몸에 대해 이야기를 합니다. 3강은 유전에 대해 설명합니다. 성(性)의 결정과 발달부터 유전자의 특이한 발현 메커니즘까지 두루 다룹니다. 4강과 5강은 정치, 사회 이슈에 가려져 제대로 살펴볼 기회가 없었던 줄기세포를 공부하는 자리입니다. 줄기세포와 관련된 최근 연구 성과들과 이슈들 전반이 소개되어 있습니다. 6강과 7강은 하나의 세포가 발달을 거듭해 인간의 모습을 갖춰나가는 과정을 보여줍니다. 과학이 낯선 독자라도 쉽게 읽을 수 있도록 논문의 세세한 디테일에 주목하기보다는 연구들의 의미와 맥락을 설명하는 데 더 많은 지면을 할애했습니다.

학생에서 교수가 되고 어린 학생들의 도전에 힘을 실어주는 역할을 하면서 사람이 사람에게 줄 수 있는 것 중 가장 큰 하나가 기회라는 생각이 들었습니다. 저 역시 그런 기회를 준 귀한 사람들이 있어 이 책을 쓸 용기를 냈습니다. 대중을 위한 글쓰기의 물꼬를 터준 《과학동아》 이영혜 기자님과 제 원고가 책의 모습을 갖출 수 있게 도와준 이민경 편집자님에게 감사의 마음을 전합니다. 이 책이 영어로 된 게 아니라 읽지 못해 너무 아쉽다고 말하며 부족한 선생을 응원해준 제 학생들에게도 고맙다는 말을 전합니다. 지구 반대편에서 보내주신 부모님의 따뜻한 격려도 큰 힘이 되었습니다. 더 좋은 삽화를 위해 직접 논문까지 찾아가며 작업해주신 김명호 작가님과 그 외에 원고를 읽고 귀중한 조언을 해준 모든 분들께도 감사드립니다.

이 책은 기본적으로 발생학을 일반인에게 쉽게 풀어서 설명해주는 대중 교양서입니다. 그렇다고 독자들이 전문 과학 용어를 완전히 이해하고 배아의 발달 과정을 막힘없이 나열하는 것이 이 책의 최종 목표는 아닙니다. 오히려 단순히 지식을 전달하는 것에 그치지 않고 과학은 질문이 이끌고 나가는, 그래서 질문하는 즐거움이 있는 학문이라는 것을 알리는 데 이 책이 조금이라도 보탬이 되기를 바랍니다. 이 책을 계기로 하나의 점에 불과했던 세포가 어떻게 머리와 다리, 손가락과 발가락이 달린 한 명의 인간이 되는 건지 더 자세히 알고 싶어졌다면 그 또한 제게는 즐거운 일일 것입니다. 무엇보다 세상의 빛을 보기 전 우리의 시작은 이미 너무나도 특별했음을, 이 책을 읽는 모든 분들이 느끼면 좋겠습니다.

차례

1강

1등 정자의 진실

'정자와 난자의 만남'이라고 하면 일반적으로 머릿속에 떠오르는 장면이 있습니다. 실제로 유튜브(YouTube)에서 다음과 같은 영상을 누구나 쉽게 찾아볼 수 있습니다.

둥둥둥….

메마른 하늘에 을씨년스럽게 펄럭이는 깃발, 전투를 앞둔 의미심장한 장수의 표정이 자연스레 연상되는 장엄한 음악이 흘러나온다. 하지만 영상에는 말을 타고 달리는 장병들도, 소리지르며 전진하는 보병들도 없다.

대신 올챙이처럼 생긴 수많은 정자들이 떼를 지어 어디론가

향한다. 힘차게 꼬리를 휘저으며 전진하는 정자들. 그 옆으로 수많은 협곡들이 즐비한 험준한 지형이 펼쳐진다. 한편, 자욱한 연기를 내뿜으며 정자보다 훨씬 큰 난자가 협곡 저 멀리에서 등장한다.

음악은 절정으로 치닫는다. 1등만 살아남는 경쟁 사회를 이렇게 함축적으로 보여줄 수 있을까 싶을 정도로 정자들이 전속력을 내 헤엄친다. 그리고 마침내 간발의 차이로 다른 정자들을 따돌린 제일 빠른 정자가 난자의 막에 붙는다.

그 순간 화면 전체를 환한 빛이 가득 채우더니 이윽고 수정란이 등장한다. 앞으로 꽃길만 있을 거라고 암시하듯 배경 음악은 어느새 잔잔한 하프 선율로 바뀌어 있다.

이야기를 나눠보면 많은 분들이 정자와 난자의 수정 과정을 이런 식으로 알고 있더군요. 백마 탄 왕자님을 기다리는 공주처럼 나팔관(난관 또는 자궁관이라고도 한다.)에서 하염없이 정자를 기다리는 난자, 그리고 백 번 찍어 안 넘어가는 나무는 없는 것마냥 저돌적으로 다가가는 정자. 이런 이미지는 우리 일상에서 통용되는 성 관념에도 부합해 보입니다. 대부분이 과학적으로도 맞겠거니 하고 아예 의심조차 안 해봤을 것입니다.

하지만 실제로 정자와 난자가 만나는 과정은 유튜브 영상과는 사뭇 다릅니다. 혹시 정자가 이동하는 데 자궁 근육의 도움을 받는다는 것을 아는 분이 있을까요? 정자뿐 아니라 난자 역시 치열한 경쟁을 거친 존재라는 것은요? 남자는 이래야 해, 여자는 이래야 해, 이런 고정 관념이 덧칠된 이야기가 아니라 실험과 관찰로 밝혀진 정자와 난자의 '진짜' 이야기가 궁금합니다.

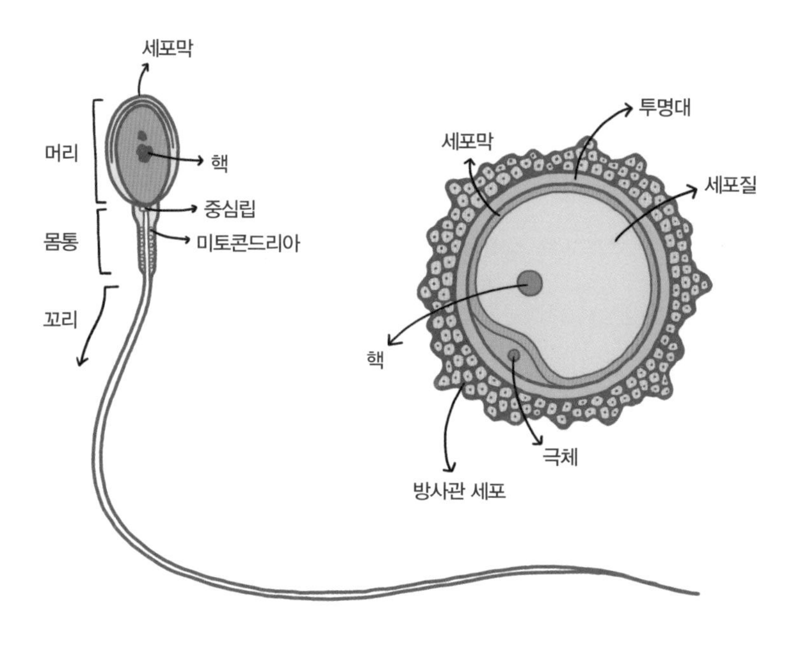

그림 1-1. 정자와 난자의 구조. 정자(왼쪽)와 난자(오른쪽)의 크기와 생김새는 남녀 차이만큼이나 다르다.

돌진하는 정자, 기다리는 난자?

난자를 향한 정자의 경주, 그 출발점은 질의 윗부분에 있는 자궁 경부 근처입니다(그림 1-2 참조). 평소에는 자궁 경부에 끈적이는 점액이 있어 정자가 통과하기 쉽지 않습니다.(한 발 앞으로 내딛기 힘든 늪지대를 상상하면 됩니다.) 그런데 한 달에 한 번 이 점액이 덜 끈적이는 때가 있습니다. 바로 난자가 난소로부터 빠져나오기(배란기) 바로 전입니다.[1] 이 기간에는 정자가 자궁 경부를 통과해 난자와 만날 확률이 평소보다 높아집니다.

그렇게 자궁에 도착한 정자. 이제 앞서 본 영상을 떠올리며 정자가 열심히 꼬리를 저어 난자까지 갈 것이라 생각할 텐데요. 글쎄요. 자궁 경부와 자궁을 합친 길이는 약 8~12센티미터, 인간 정자의 길이는 약 0.05밀리미터입니다. 정자를 170센티미터 사람으로 환산하면 난자가 있는 나팔관까지는 아직 3~4킬로미터가 남은 셈이죠. 게다가 정자를 잡아먹으려 달려드는 면역 세포들도 있습니다.

이때 자궁 근육의 수축 운동이 정자의 이동에 큰 도움을 줍니다. 사정된 정자들 중 0.01퍼센트도 채 안 되는 수만 살아남는다는 것을 아는 사람은 자궁이 조력자 역할을 한다는 사실이 조금 놀라울 텐데요. 사실 여성의 자궁 근육이 리드미컬하게 수축한

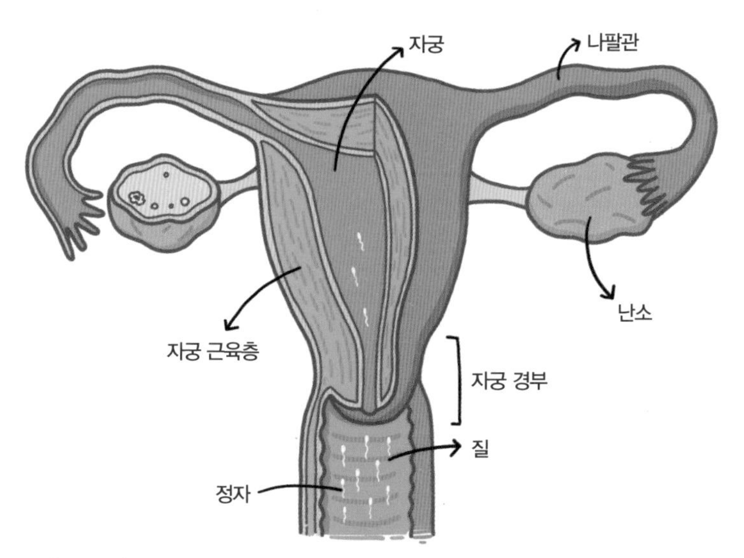

그림 1-2. 여성의 생식기 구조. 여성의 생식기는 정자에게 그리 호의적이지 않은 환경으로 잘 알려져 있다. 산성을 띤 질과 점액, 그리고 면역 세포 때문에 사정된 정자 중 아주 적은 수만 나팔관에 도착한다. 하지만 난자가 배란되는 시기에 맞춰 정자가 나팔관까지 갈 수 있게끔 도와주는 것도 여성의 생식기다.

다는 것은 이미 1960년대 후반에 밝혀진 사실입니다. 시기별로 수축 주기와 정도는 물론 패턴까지 바뀌는데, 특히 월경 후 다음 배란까지는 자궁 경부에서 시작해 자궁 위쪽으로 수축이 진행됩니다.[2] 정자는 이런 자궁 근육의 움직임을 이용해 나팔관 쪽으로 서서히 이동하죠.

자궁 근육이 수축한다는 것은 정자 크기의 아주 작은 구슬을 가지고 한 실험에서 밝혀졌습니다. 연구자들은 초음파로 감지되게 처리한 정자만 한 작은 구슬을 질 안에 삽입한 후 그 위치를 관찰했는데요.[3] 정자 꼬리처럼 스스로 움직일 수 있는 장치가 따로 있는 것도 아닌데 구슬이 움직였습니다. 특히 삽입 시점이 배란일에 가까울수록 구슬이 더 빨리 자궁을 통과했습니다.

자, 마침내 정자가 나팔관 입구에 도착했습니다. 이제 정자는 나팔관에 진입해 반대편에서 자궁 쪽으로 천천히 이동 중인 난자와 만나야 합니다. 드디어 우리가 알던 '돌진하는' 정자가 모습을 드러낼까요? 모두의 기대와 달리, 그런 정자는 여기 없습니다.

오히려 나팔관 입구 근처에서 정자는 잠시 멈추고 숨을 고릅니다. 1등이 되기 위해 달려가야 할 정자들이 왜 여기서 미적거리는 것인지 의아할 텐데요. 사실 정자는 난자가 어디 있는지 알아내는 능력이나 난자의 두터운 막을 뚫을 능력을 처음부터 갖고 있지 않습니다. 그런 수정 능력은 나팔관 입구에 다다른 후에 일정 시간을 거쳐야 획득할 수 있습니다.

정자가 수정 능력을 갖기 위해 일정한 성숙기를 보낸다는 것은 1950년 두 과학자가 처음 밝혔습니다.[4] 그중 장밍쥐(張明覺) 박사의 실험을 볼까요? 그는 토끼의 정자를 채취해 시간을 달리

해서(배란 8시간 전, 6시간 전, 4시간 전, 2시간 전, 배란 시점, 배란 1시간 후, 2시간 후) 암컷의 나팔관에 주입했습니다. 그러고는 하루 반 정도가 지난 후 난자의 수정 여부를 살펴봤죠.

정자가 애초에 수정 능력을 갖추었다면 배란 시점에 가깝게 정자를 주입할수록 수정이 잘 되어야 합니다. 하지만 실험 결과 배란 2시간 전, 배란 시, 배란 1시간 후에 정자가 나팔관에 주입되었을 때는 놀랍게도 전혀 수정이 되지 않았습니다. 반면에 배란 6시간 전에 정자를 주입했을 때는 수정 확률이 78퍼센트였습니다. 이 실험에서 장 박사는 정자가 수정 능력을 얻는 데 일정 시간이 필요하다고 결론을 내렸습니다. 다만 이 실험은 토끼의 정자를 갖고 한 실험이라서 인간의 정자가 정확하게 어디서 수정 능력을 얻는지 알려면 더 많은 연구가 필요합니다.

속도보다 중요한 건 방향이었어

정자의 능력 중 난자까지 이동하는 운동성이나 난자의 벽을 뚫는 것은 잘 알려져 있습니다. 하지만 이 외에 우리가 미처 생각하지 못한, 아주 중요한 능력 한 가지가 있습니다. 바로 빛줄기 하나 없는 어두컴컴한 나팔관에서, 눈이 달린 것도 아닌 정자가 난자를 찾아내는 능력입니다.

난자로 향하는 정자의 직관적 움직임은 세 가지로 설명됩니다. 우선 나팔관 입구에서 성숙을 완료한 정자는 아주 미세한 온도 차를 감지해 온도가 높은 곳으로 이동합니다. 이를 두고 정자는 주열성(thermotaxis, 열에 자극을 받아 움직임의 방향이 결정된다는 뜻)을 갖는다고 표현합니다. 나팔관에서 자궁과 맞닿아 있는 쪽 온도는 약 34.7도, 반면 난자가 위치한 지점의 온도는 약 36.3도입니다(그림 1-3 위 그림 참조). 정자는 이 미세한 차이를 감지해 온도가 높은 쪽, 즉 나팔관 안쪽으로 이동합니다.

이스라엘 바이츠만 과학 연구소(Weizmann Institute of Science)의 미하엘 아이센바흐(Michael Eisenbach) 교수팀이 실시한 실험은 정자가 얼마나 온도에 민감한지 잘 보여줍니다.[5] 그들은 긴 관에 채취한 인간의 정자들을 넣고 양끝의 온도를 달리해 그 움직임을 관찰했습니다. 이때 관 한쪽 끝과 다른 한쪽의 온도 차는 겨우 섭씨 0.5도에 불과했음에도 정자들은 온도가 높은 쪽으로 움직였습니다. 이 실험에 쓴 관의 길이를 감안하면 정자는 무려 1밀리미터당 0.014도라는 아주 작은 차이를 구별한다고 볼 수 있습니다.

두 번째로 정자는 액체의 흐름에 자극을 받아 움직이는 주류성(rheotaxis)을 갖고 있습니다. 나팔관 안에는 액체가 차 있으며

이 액체는 자궁 쪽으로 흐르는데, 정자들은 강물을 거슬러 올라가는 연어마냥 그 흐름의 반대로 움직입니다. 액체의 흐름이 정자에게 난자가 있는 방향을 가르쳐주는 셈입니다.

실제로 이 지점에서 정자가 보여주는 꼬리 운동은 상당히 독특한데요. 대부분의 사람들은 정자가 꼬리를 좌우로 살랑살랑

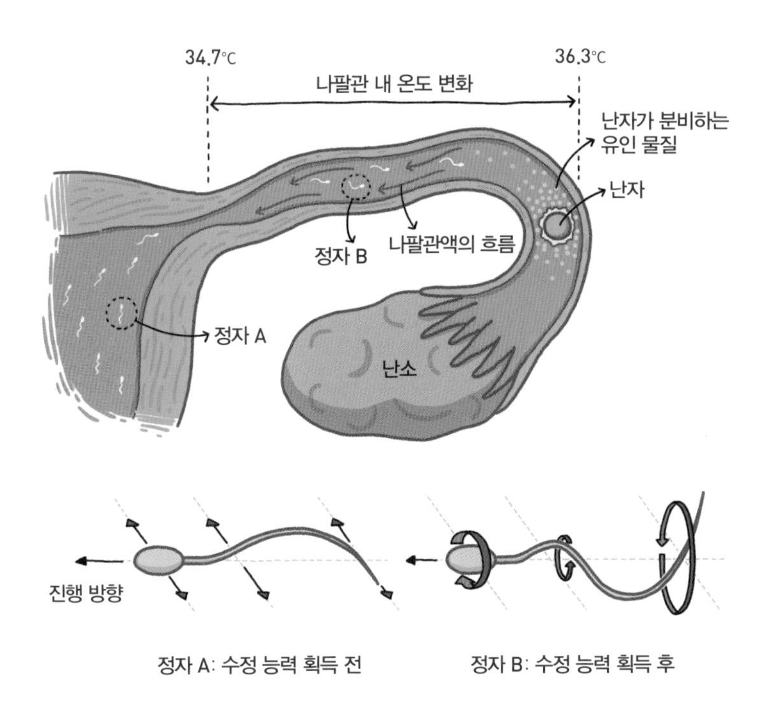

그림 1-3. 정자의 이동. 정자는 온도 차와 나팔관액의 흐름을 감지해 난자가 있는 쪽으로 이동한다. 난자가 분비하는 화학 물질은 그 주변까지 도착한 정자를 가까이 오도록 유도한다. 수정 능력을 획득하기 전후로 정자들의 움직임이 바뀐 것(아래 그림)에 주목하자.

저으며 앞으로 나가는 올챙이처럼 움직인다고 생각합니다. 물론 사정 직후의 정자는 그렇게 움직입니다. 하지만 성숙한 정자는 벽에 못을 박을 때 쓰는 전동 드릴처럼 머리부터 꼬리까지를 하나의 축으로 해서 빙글빙글 돌며 이동합니다(그림 1-3 아래 그림 참조).[6] 정자가 나팔관액의 흐름을 거슬러 안쪽으로 헤엄칠 수 있는 것은 그런 3차원 운동 덕분입니다.

꼬리 힘이 부치면 어쩌나?

§

여기서 정자의 꼬리 운동에 대한 재미있는 논문을 하나 소개합니다. 독일 통합 나노과학 연구소(Institute of Integrative Nanoscience)의 한 연구팀에서 '스펌봇(spermbot)'이라는 나선 모양의 아주 작은 모터를 만들었습니다.[7] 이 신기한 모터는 운동성이 없는 정자들에 쏙 끼워져서 정자를 난자로 운송한 뒤 스르르 빠져나옵니다. 게다가 이 모터는 원격으로 조종이 가능합니다.

이 기술이 실험실이 아닌 실제 여성의 몸 안에서 적용되려면 앞으로 아주 많은 연구가 필요합니다. 하지만 아주 아주 작은 모터가 호르몬 주사에 난자 채취 그리고 착상까지, 그 불편한 검진과 시술 과정이 수반되는 시험관 아기 기술을 대체할 만한 기술로 발전한다면 불임으로 고민 중인 많은 사람들에게 큰 도움이 될 것입니다. 그러니 공학도 여러분, 잘 부탁드립니다.

정자가 온도와 흐름을 감지해 난자에게 다가오는 사이, 난자는 아무것도 하지 않고 기다리기만 하지 않습니다. 난자 또한 정자에게 일종의 화학적 신호를 보냅니다. 정자가 난자에게 가는 세 번째 방법이 바로 이 신호를 인지하는 것입니다.

이 화학적 신호의 존재는 1912년 미국 시카고 대학교의 발생학 교수인 프랭크 릴리(Frank R. Lillie)가 한 실험에서 밝혀졌습니다.[8] 그는 성게 난자를 한데 모아 배양한 후, 그 배양액을 정자가 있는 배양 접시에 몇 방울 떨어뜨렸습니다. 그랬더니 접시에 듬성듬성 퍼져 있던 성게 정자들이 배양액을 떨어뜨린 자리에 갑자기 떼를 지어 모이기 시작했습니다. 릴리 교수는 난자가 정자를 끌어들이는 어떤 물질을 분비했기 때문이라고 추측했습니다.

뿐만 아니라 난자의 유인 물질은 정자의 움직임을 변화시킨다는 연구 결과도 있습니다.[9] 수정 능력을 획득한 정자는 마치 막춤을 추듯 온몸을 발버둥치는데요. 그렇게 난리를 치면 나팔관액의 흐름을 거슬러 올라가기는 좀 수월해질지 몰라도 난자에게 정확히 도달하기는 더 어려워집니다.

그런데 신기하게도 난자에 가까워질수록 정자의 요란스러운 움직임이 잦아들었습니다. 이것을 본 과학자들은 난자에서 나오는 화학 물질이 정자가 삐뚤빼뚤 가는 움직임을 억제할 가능성을 제시했습니다. 어쩌다가 정자가 길을 잃어 엉뚱한 방향으로 가면, 정자는 다시 머리를 세차게 흔들며 헤엄칩니다. 이 다소 과격한 움직임 덕분에 정자는 급회전을 해 다시 유인 물질을 쫓아 난자가 있는 곳으로 이동을 합니다.

난자도 치열하게 경쟁한다

우리는 난자와 수정하기 위해 경쟁하는 정자의 이미지에 익숙합니다. 남자가 한 번 사정 시 쏟아내는 정자는 약 2억 마리. 그중 한 마리만 수정에 성공하는 이야기는 마치 결투를 거쳐 미녀를 차지하는 기사의 이야기와 오버랩됩니다. 반면 경쟁자 없이 비교적 평화롭게 난소를 빠져나와 나팔관 안에서 서서히 이동하는 난자는 백마 탄 정자를 다소곳이 기다리는 공주 같습니다. 정자에 비해 팔자 좋다고 생각할지도 모르겠네요.

하지만 난자도 경쟁을 합니다. 그것도 아주 치열하게 말입니다. 이 사실이 잘 알려지지 않은 이유는 경쟁이 배란 전에 이뤄지기 때문입니다.

사춘기가 되어서야 정자를 만들어내는 남자와는 달리 여자는 약 200만 개의 미성숙 난자를 가지고 태어납니다. 이 난자들은 여성의 몸이 사춘기에 접어들면서 한 달 주기로 배란됩니다.(이 주기가 월경 주기입니다.) 그리고 갖고 태어난 모든 난자를 다 소모하면 더 이상 배란이 안 되는 상태, 즉 폐경이 옵니다.

그런데 여성의 몸이 처음부터 하나의 난자를 선택해 배란시키는 것이 아닙니다. 여성의 몸이 갖고 태어나는 난자는 아직 '덜 자란' 난자입니다. 그중 완전히 성숙을 마친 난자만이 배란되어 정자와 만날 수 있습니다. 그래서 배란 약 10일 전, 12개가 넘는 난자들이 동시에 다음 달 배란 후보로 오르면,[10] 본격적인

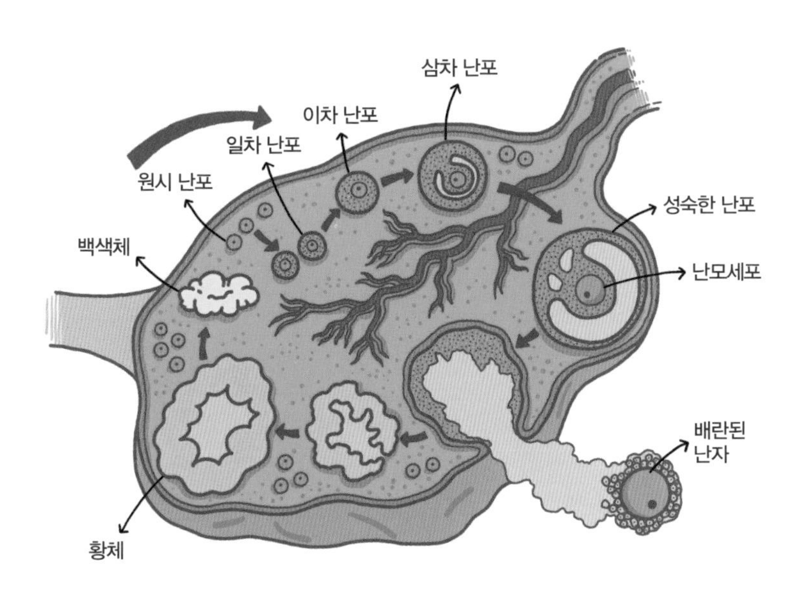

그림 1-4. 난자의 발달. 사춘기부터 정자를 만드는 남성과는 달리 여성은 태어날 때 미성숙 난자들을 가지고 태어난다. 이 난자들은 사춘기부터 폐경까지 한 달 주기로 성숙한다.

경쟁이 시작됩니다.

처음에는 성숙에 필요한 난포 자극 호르몬(follicle stimulating hormone, FSH)이 많이 나와서 경쟁이 엄청나게 치열하지는 않습니다. 하지만 며칠 후 호르몬 양이 점차 줄어들면서 난자들 중 호르몬 의존도가 낮은 난자 하나만 살아남고,[11] 다른 미성숙 난자들은 자연스럽게 퇴화합니다.(재활용되는 것이 아닙니다.) 그러니 정자를 만나러 가는 난자는 이미 10 대 1이 넘는 경쟁률을 뚫은 셈입니다.

여기서 이런 질문을 하나 해볼 수 있습니다. 시험관 아기 시술을 하는 경우 수정 확률을 높이기 위해 성숙한 난자가 여러 개 필요한데요. 여자가 갖고 태어나는 난자의 수는 유한하므로 그만큼 난자가 빨리 소비되는 것은 아닐까요? 즉, 시험관 아기 시술이 폐경을 앞당기지는 않을까요?

시술 전 이런 생각이 들었다면 걱정할 필요가 없습니다. 앞에서 난자의 성숙 과정 중 난포 자극 호르몬의 양이 줄어들어 난자 모두가 성숙할 수 없다고 설명했는데요. 시험관 아기 시술은 여성에게 정상보다 많은 양의 난포 자극 호르몬을 주입해 어차피 배란되지 못하고 없어질 난자들도 성숙시킵니다. 그래서 10개 중 하나가 아니라 10개 중 6, 7개의 완전히 성숙한 난자를 얻게 되는 거죠. 결론적으로 말해, 난자를 '땡겨 쓰는' 것이 아니므로 폐경이 앞당겨지지 않습니다.

◆ ◆ ◆

정자 연구를 언급할 때 빼놓을 수 없는 과학자가 하나 있으니 바로 안톤 판 레이우엔훅(Anton van Leeuwenhoek)입니다. 네덜란드에서 태어난 그는 대학 교육을 전혀 받지 못했습니다. 하지만 특유의 호기심과 열린 사고로 현미경을 직접 고안, 발명해서 미생물을 처음 발견하는 등 과학사에 남을 여러 업적을 세웠죠.

그런 그가 정자를 연구하게 된 것은 순전히 우연이었습니다. 현미경으로 머리에 있는 이나 호수의 물을 들여다보던 레이우엔훅에게 친구가 와서 한마디 던집니다. "정액을 한번 살펴보는 건 어때?" 처음에 그는 그런 저속한 연구가 어딨냐며 펄쩍 뛰었습니다. 하지만 친구의 제안은 며칠간 머릿속을 맴돌았고 결국 자신의 정액을 현미경 렌즈 아래에 놓는 순간 레이우엔훅은 정자의 생김새에 완전 매료됩니다. 그리고 관찰 결과를 꼼꼼하게 기록하며 정자 연구에 몰두합니다.

1677년, 드디어 정자에 관한 논문을 완성한 레이우엔훅. 하지만 논문을 저널에 당당하게 게재하기에는 주제가 적절하지 않을 수도 있다는 생각이 들었습니다. 그는 고민 끝에 당시의 영국 왕

립학회(Royal Society)에 편지를 보냅니다.

> (정자를 관찰한) 제 연구가 혐오스럽거나 사회적으로 물의를 빚을 수 있는 부도덕한 연구로 여겨진다면 출판되지 않아도 전혀 이의를 제기하지 않겠습니다. 전적으로 학회의 판단에 따르겠습니다.[12]

그로부터 300년도 더 지난 지금, 더 이상 정자와 난자에 대해 연구하는 것을 혐오스럽거나 부도덕하다고 생각하는 사람은 없습니다. 오히려 난임, 불임 등을 다루는 의학 분야와의 연계성을 고려해 연구가 계속 진행되고 있으며 새로운 사실도 속속 밝혀지고 있죠. 하지만 정자와 난자에 대한 대중의 이해는 지나치게 단순하고 때로는 편파적이며 종종 과거의 낡은 정보에 머물러 있기도 합니다.

그동안 우리는 정자의 관점에서 수정 과정을 이해해왔습니다. 그 무대에서 난자는 조연이었고 자궁은 배경에 불과했죠. 어쩌면 남녀 관계에서 남성은 적극적이고 여성은 소극적이라는 고정 관념이 우리의 시작을 이렇게 편협하게 정의한 걸지도 모릅니다.

과학은 사실을 밝히는 학문입니다. 하지만 그 사실은 단순히 지적 호기심을 채우는 데 그치지 않고 우리의 생각을, 그리고 일상의 풍경을 바꾸기도 합니다. 이번 이야기를 마치는 지금, 과학의 목표란 "점진적으로 편견을 없애는 것"이라던 물리학자 닐스 보어(Niels Bohr)의 말이 그 어느 때보다 무겁고 깊이 있게 다가옵니다.

실험실을 나온 과학 ①

난자가 아니라 난소를 얼린다고?

* 줄리의 이야기는 실제 사례를 바탕으로 각색한 것이며 디미스티어 박사를 제외한 등장 인물은 가명을 썼다.[13]

의사의 이야기를 들은 줄리는 자신의 귀를 의심했습니다. '뭘 얼린다고? 난소를? 난자가 아니라?'

취직한 지 이제 1년. 난다 긴다 하는 친구들을 제치고 꿈의 직장에 합격한 후 정말 치열하게 산 1년이었습니다. 이거 때려치우고 말지 하고 생각하는 때가 없었다면 거짓말입니다. 못된 상사 때문에 출근하기 싫은 몸을 질질 끌고 회사에 오는 날이 셀 수 없이 많았지요. 하지만 서로 격려하는 입사 동기들, 특히 뭘 어떻게 할 줄 몰라 당황할 때마다 항상 구세주처럼 등장하는 2년 선배 제니퍼가 큰 힘이 되었습니다. 그리고 모두 함께 모여 입사 1년 기념일 파티를 한 지 이제 막 한 달이 지났습니다.

어느 날 제니퍼 언니에게 또 신세를 지고 저녁을 거하게 산 줄리는 화장실에서 거울을 보다가 목에 있는 작은 혹을 발견했습니다. 처음 본 순간 덜컥 겁이 났지만 혹을 만져도 아프지 않았기에 피곤해서 그런가 보다 하고 대수롭지 않게 넘겼죠.

그로부터 몇 달 후, 줄리는 의사로부터 호지킨 림프종(Hodgkin's lymphoma)이라는 혈액암 진단을 받습니다. 충격적인 소식에 정신이 멍해진 줄리. 앞으로 굉장히 힘든 항암 치료를 겪어야 한다는 이야기를 듣는 순간까지도 그녀는 닥친 현실이 믿기지 않았습니다. 하지만 의사의 진단만큼이나 잔인했던 것은 항암 치료를 받게 되면 암세포를 죽이는 그 고약한 화학 물질 때문에 폐경이 될 가능성이 크다는 것이었습니다.

항암 치료의 부작용은 줄리도 익히 들어 잘 알고 있었습니다. 식욕은 온데간데 없고, 몸의 털이란 털은 다 빠지고. 하지만 항암 치료에 사용되는 약이 난소 조직을 손상시켜 폐경을 앞당긴다는 것은 전혀 몰랐죠. "항암 치료 이후 임신 가능 상태로 돌아오는 경우도 있지만 줄리 씨의 경우 그 확률이 500만분의 1입니다." 컴퓨터 모니터가 반사되는 안경 뒤의 의사 얼굴에는 애석함과 미안함, 그리고 직업에서 오는 냉철함이 섞여 있었습니다.

위로는 오빠, 아래로는 여동생이 있는 줄리는 결혼을 하면 애는 둘, 아니 셋은 낳아야겠다는 계획이 있었습니다. 혹시라도 나중에 완치가 되면 아이를 꼭 갖고 싶다는 줄리의 말에 의사는 조심스럽게 제안을 하나 합니다. 바로 실험 단계에 있는 난소 냉동이었죠. 난자 냉동이 더 쉽지만 그러기 위해선 많은 난자를 채취하기 위해 호르몬 주사도 맞아야 하고 난자가 성숙할 때까지 기다려야 하는데, 당장 항암 치료를 받아야 하는 줄리에게는 그럴 시간이 없었습니다. 사실 아직 난소를 어떻게 다시 이식시킬지, 이식하면 제 기능을 할지 아무것도 연구가 되지 않았다는 의사의 솔직함에 줄리는 당황스러웠지만 고민 끝에 두 난소 중 하나를 얼리기로 결심합니다.

그렇게 줄리는 수술대에 누웠고, 의사팀이 그녀의 배를 갈라 호두만 한 크기의 난소를 빼낸 후 배를 꿰매는 데는 한 시간도 채 걸리지 않았습니다. 실험실에서 줄리의 난소를 기다리고 있던 디미스티어 박사는 미성숙 난자가 가득한 난소를 5×5×2밀리미터 크기의 작은 조각 40개로 자른 후 얼렸습니다.

이후 줄리는 지독한 항암 치료 후 골수 이식을 받습니다. 가슴 졸이는 정기 검진이 이어졌고 다행히 암세포는 줄리의 몸 어디서도 보이지 않았죠. 하지만 의사의 경고대로 항암 치료 중 몸에 남은 난소 하나는 제 기능을 잃었고 줄리는 결국 폐경이라는 진단을 받게 됩니다.

시간이 지나 건강을 되찾고 회사에 다시 출근을 시작한 후 줄리는 곧 입사 동기 폴과 약혼을 합니다. 사랑하는 사람과 자녀가 함께 있는 미래를 꿈꾸며 그녀는 디미스티어 박사에게 전화를 합니다. "박사님, 그때 얼렸던 제 난소 이식받고 싶어요."

줄리가 암 치료에 애쓰는 동안 냉동 난소에 대한 연구도 활발히 진행되었습니다. 얼려놓은 난소를 배 아래쪽에 이식하면 난소 안의 난자가 성숙된다는 것, 그리고 이 난자들을 채취해 실험실에서 정자와 수정시킬 수 있다는 것이 발표되었죠.[14] 디미스티어 박사는 "5년 전 얼린 줄리의 난소를 몸에 이식한 후 난자들이 정상적으로 발달하는 게 보이면 채취해서 폴의 정자를 이용해 시험관 아기 시술을 합시다."라고 말했습니다. 병원에 온 김에 정자 검사를 받은 폴은 정상이라는 말에 "나는 태평양도 헤엄쳐 갈 수 있어." 라고 농담을 했죠.

디미스티어 박사는 얼렸던 난소 조각 중 18개를 해동한 후에 항암 치료 때문에 기능을 멈춘 줄리의 왼쪽 난소에 3개, 복막 근처에 9개, 아랫배 왼쪽의 피부 안쪽에 나머지 6개를 이식했습니다. 그로부터 다섯 달 후, 폴은 화장실에서 들려오는 비명 소리에 잠에서 깼습니다. "폴! 나 생리한다!" 하지만 이 소식은 앞으로 일어날 일에 비하면 놀랄 일도 아니었습니다. 이식 후 약 1년이 지나 줄리는 자연적으로 임신에 성공합니다.

줄리의 사례가 과학 저널에 발표된 것이 2006년. 그로부터 약 9년 후인 2015년에 게재된 다른 논문에 의하면 줄리처럼 냉동 난소를 이식받아 자연 임신을 하고 출산에 이른 경우가 30건 넘게 보고되었다고 합니다.[15] 줄리의 이식 수술을 이끌었던 디미스티어 박사는 항암 치료를 받아야 하는 13살 소녀로부터 난소를 채취해서 냉동시킨 후 10년이 훌쩍 지나 이 아이가 23살이 되었을 때 난소를 이식했고 결국 자연적으로 임신해 아이를 낳았다는 것을 2015년에 발표하기도 했습니다.[16] 장기간 꽁꽁 얼어 있어도 신호가 오면 무슨 일 있었냐는 듯 부활하는 난소의 능력이 참으로 대단합니다.

2강

축복에 가려진
그녀의 이야기

정자와 난자가 수정을 한 그 순간부터 출산을 하는 날까지 매주 배 속 아이에게 어떤 일이 일어나는지는 인터넷이나 책에서 쉽게 찾을 수 있습니다. 모서리 하나 없는 공 모양의 수정란에서 머리가 생길 부분과 엉덩이가 생길 부분이 결정되는 것은 수정 후 2주째, 발가락이 생기는 것은 수정 후 7주째, 생식기가 형성되는 것은 수정 후 9주째입니다. 수정 후 19주째에는 손가락을 빠는 태아의 모습이 보이죠. 28주째에는 태아가 눈을 완전히 뜰 수 있게 됩니다. 태어나기 약 일주일 전에는 태아의 몸에 지방이 축적됩니다. 이 지방은 나중에 아기가 태어나면 체온을 조절하고 영양을 공급하는 데 쓰일 것입니다.

이렇게 배 속 아이의 발달 과정에 대해서는 정보가 많은데 임신 기간 동안 여성이 겪는 변화에 대해서는 놀랄 만큼 관심이 적습니다. 특히 한 생명의 탄생이란 축복이고 모성애는 당연하다는 인식에 가려져 임신부가 겪는 육체적, 정신적 고통은 제대로 조명받지 못했습니다. 게다가 세계적으로 매년 약 2억 명의 여성이 임신을 하는데도[1] 웬만한 질병 연구에 비해 임신을 연구하는 인원이나 투자 규모 등은 턱없이 부족한 수준입니다.

그래서 굳이 '엄마의 몸' 이야기를 꺼내기로 했습니다. 수정란을 먹여 살리기 위해 몸을 최대한 불리는 난자, 자궁에 착상을 하면서 엄마 세포를 먹어버리는 배아, 자궁에만 잠자코 있지 않고 엄마의 혈액 속을 돌아다니는 배아의 DNA까지, 임신은 축복이고 기쁨이라는 미사여구를 걷어내고 생명이 또 다른 생명을 품었을 때 벌어지는 일들을 과학의 눈으로 살펴봤습니다.

자연 유산은 당신 탓이 아니다

임신을 의미하는 선명한 두 줄이 임신 테스트기에 뜨고, 이후 의사로부터 임신 확진을 받고 나서도 임신부는 주위 사람에게 임신 사실을 알리는 것을 조심스러워 합니다. 혹시 유산으로 아이를 잃지 않을까 하는 걱정 때문인데요. 임신 20주 이전에 자연적으로 임신이 종결되는 상태를 자연 유산이라고 합니다. 그렇다면 임신 진단을 받은 사람이 자연 유산을 겪을 확률은 과연 얼마나 될까요? 5퍼센트? 10퍼센트?

2015년 미국 알베르트 아인슈타인 의대(Albert Einstein College of Medicine)와 몬테피오레 메디컬 센터(Montefiore Medical Center)의 공동 연구팀이 미국인 1,084명을 대상으로 설문 조사를 실시한 결과, 응답자의 절반 이상이 5퍼센트 이하일 것이라고 답했습니다.[2] 하지만 실제 자연 유산 발생률은 10~20퍼센트에 이릅니다.[3] 생각보다 높나요? 임신한지 모르는 상태에서 유산이 되는 경우까지 더하면 그 수치는 더 높아질 것입니다.

그렇다면 자연 유산의 원인은 무엇일까요? 임신부가 허약해서? 아니면 임신 초기에 받은 정신적인 스트레스 때문에? 위의 같은 설문 조사에서는 응답자의 76퍼센트가 자연 유산의 원인으로 스트레스를 꼽았습니다. 중복 응답으로 무거운 물체를 드는 행동, 경구 피임약을 원인으로 지목한 사람도 각각 64퍼센트, 22퍼센트였습니다. 이 설문 조사만 봐도 많은 사람들이 자연 유산의 원인을 엄마에게서 찾고 있음을 알 수 있습니다. 자연 유산을 겪은 산모들 역시 자책하는 경우가 많고, 심하면 우울증과 불안증으로 꽤 오랫동안 힘들어합니다.[4]

하지만 자연 유산의 약 60퍼센트는 엄마의 행동과 무관합니다. 배아가 더 이상 발달을 계속할 수 없어 '자연적'으로 발달을 중단하는 가장 큰 이유는 따로 있습니다. 바로 배아 세포 내에 정상보다 너무 많거나 적은 유전자가 있기 때문입니다.[5]

우리 몸을 구성하는 세포 각각에는 2만 개가 넘는 유전자가 들어 있습니다. 유전자는 우리 몸을 형성하고 운영하는 단백질을 만들어내기 위한 정보를 담고 있는데요. 요리로 치면 일종의 조리법이라 할 수 있습니다. 세포는 유전자를 읽고 '눈 색깔이 갈색이구나', '이러이러한 시기에 팔과 다리를 2개씩 만들어야 하는구나'와 같은 정보를 얻어 필요한 단백질을 만들어내는 '공장' 같은 거고요.

2만 개가 넘는 유전자들은 세포 안에서 질서 없이 마구 널려 있지 않고 빨랫줄에 대롱대롱 매달린 옷들처럼 긴 줄의 특정 위치에 자리 잡고 있습니다. 그 줄이 돌돌 말려 덩어리진 것을 염색체라고 합니다(그림 2-1 참조). 그런데 줄 하나에 2만여 개 유전자들을 모두 정렬하려면 줄이 엄청 길어야겠죠. 그렇게 줄이 길면 제때 필요한 유전자를 찾기도 어려울 것입니다. 그래서 인간의 경우 유전자들이 총 23개의 줄, 즉 23개의 염색체에 나뉘어 있습니다.

이 23개 염색체를 엄마에게서도 받고 아빠에게서도 받아 우

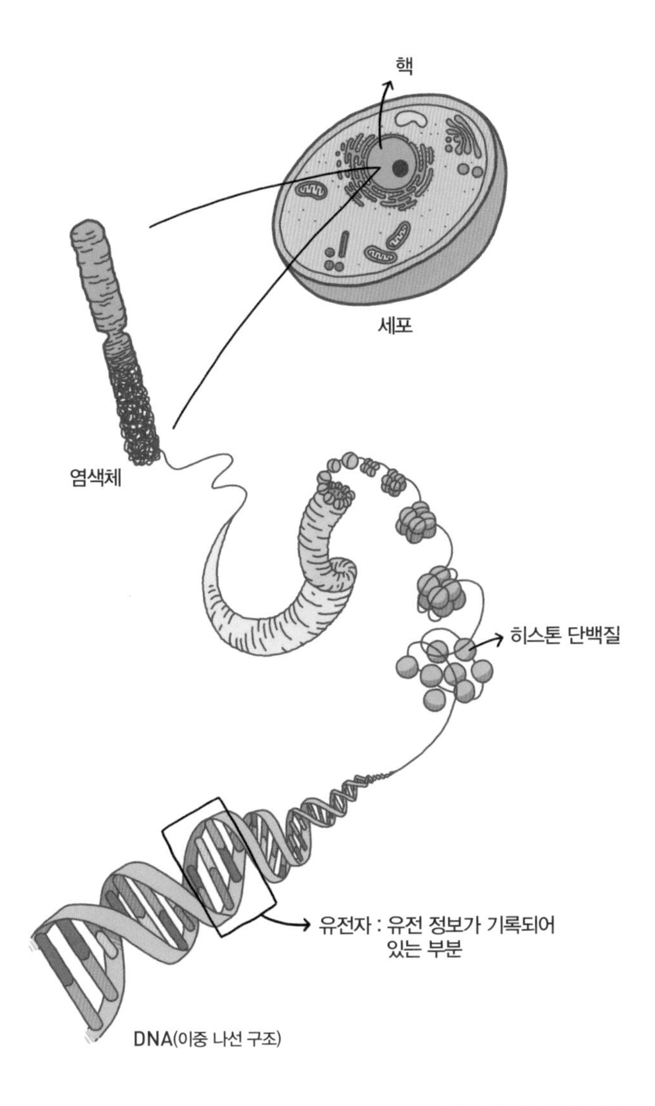

그림 2-1. 세포 안에 저장된 유전 정보. 세포의 핵 안에는 실타래와 같이 생긴 염색체가 있다. 여기서 실에 해당하는 것이 유전 정보를 이루고 있는 DNA다.

리 몸 세포는 최종적으로 46개의 염색체를 갖게 됩니다. 그래서 46개 염색체를 가만히 들여다보면 신기하게도 신발처럼 모두들 같은 크기의 짝이 있습니다. 크기가 큰 순서대로 1부터 숫자를 붙여 1번 염색체, 2번 염색체, 3번 염색체, 이런 식으로 부르고요. 마지막 23번째 염색체는 성을 결정짓는 염색체(성염색체)로 남성의 경우 X염색체 하나와 Y염색체 하나가, 여성의 경우 Y염색체 없이 X염색체가 둘 있습니다. 정상적으로 배아가 발달하려면 세포 안에 이 46개의 염색체가 모두 있어야 합니다.

자연 유산되는 배아의 50~70퍼센트는 정상보다 염색체가 많거나 적습니다.[6] 유전자 수가 정상보다 많아서 적정량보다 더 많은 단백질이 만들어진다면 당연히 문제가 될 수 있습니다. 유전자 수가 정상보다 적어도 마찬가지겠죠. 우리 몸에 필요한 단백질이 만들어지지 않을 테니까요.

그렇다면 수정란의 염색체 수는 왜 정상보다 더 적거나 많아질까요? 염색체 수가 50개도 안 되는데 왜 그것 하나 제대로 못 세는 것일까요? 염색체 수가 비정상이 되는 이유 중 하나는 바로 정자와 난자를 만들어내는 세포 분열 과정에서 오류가 생겼기 때문입니다.

난자 만드는 게 쉬운 줄 아니?

우리 몸은 세포 분열을 통해 개체를 성장시키거나 유실된 세포를 보충합니다.(아무것도 없는 상태에서 세포가 불쑥 생겨나지 않습니다.) 세포 분열은 하나의 세포가 둘이 되는 과정인데요. 이렇게 둘로 나뉘기 전의 세포를 모세포, 그리고 나뉜 후 생긴 작은 두 세포를 딸세포라고 합니다.

그런데 무작정 세포를 둘로 쪼개면 딸세포가 모세포의 유전 물질 중 반만 가지는 문제가 발생합니다. 이러면 딸세포는 당연히 제 기능을 할 수 없습니다. 그래서 모세포는 분열 전에 자신의 유전 물질을 복사해 두 배로 만들어서 두 딸세포에게 동등하게 나눠줍니다. 이렇게 하면 모세포와 딸세포의 염색체 수는 46개로 동일해집니다.

하지만 정자와 난자 같은 생식 세포에는 염색체 수가 반으로 줄어 46개가 아닌 23개가 되어야 합니다. 그 이유는 간단한 산수로 확인할 수 있습니다. 가령 체세포처럼 생식 세포에 46개의 염색체가 들어 있으면(즉, 염색체 수가 반으로 줄지 않으면) 정자와 난자가 만나서 생긴 수정란에는 총 92개의 염색체가 들어 있게 됩니다. 그리고 이 수정란이 발달해 한 인간이 되면 그 사람의 모든 체세포와 생식 세포에는 92개의 염색체가 있게 됩니다. 이런 식이라면 다음 세대의 염색체는 무려 184개(92 더하기 92)가 됩니다. 그러니 세대를 거듭해도 염색체 수가 일정하게 유지되려면 생식 세포를 만들 때 염색체 수는 반으로 줄어들어야 합니다.

세포 분열 과정에 돌입하는 모세포는 이미 유전 물질을 복제해 염색체가 두 배가 되었는데 정작 만들어야 하는 생식 세포는 정상 염색체의 반만 들어 있어야 한다면, 어떻게 해야 할까요? 분열을 한 번이 아닌 두 번을 하면 됩니다. 이를 흔히 감수 분열이라고 부릅니다. 분열을 두 번 했으니 최종적으로 딸세포는 4개가 생기고 각각의 염색체 수는 23개가 됩니다.

그런데 유전 물질을 동등하게 반씩 나누는 일은 말처럼 쉽지 않습니다. 붙어 있는 나무젓가락을 가를 때 깔끔하게 똑 떨어지는 게 쉽지 않은 것처럼 말입니다. 모세포는 쌍을 이룬 염색체를 양쪽에서 잡아당겨 딸세포 각각에 하나씩 넣어야 하는데 한쪽에서만 잡아당겨 염색체가 모두 하나의 딸세포에 들어가버리기도 합니다(그림 2-2 참조). 또 염색체가 양쪽이 아닌 세 곳에서 잡아당겨지기도 하고요. 이런 이유들로 정자와 난자의 염색체 수가 정상인 23개보다 많거나 적을 수 있습니다.

이런 염색체 분리의 오류는 신기하게도 인간 난자를 생성하는 과정에서 생각보다 자주 일어납니다. 이와 관련해 2015년에는 영국의 과학자들이 쥐와 인간에서 난자가 만들어지는 과정을 비교해봤습니다. 그 결과, 쌍을 이룬 염색체를 양옆으로 당겨주는 세포 소기관이 쥐의 경우에는 안정적으로 형성되는 반면 인간의 경우에는 고작 20퍼센트만 제 기능을 했습니다.[7]

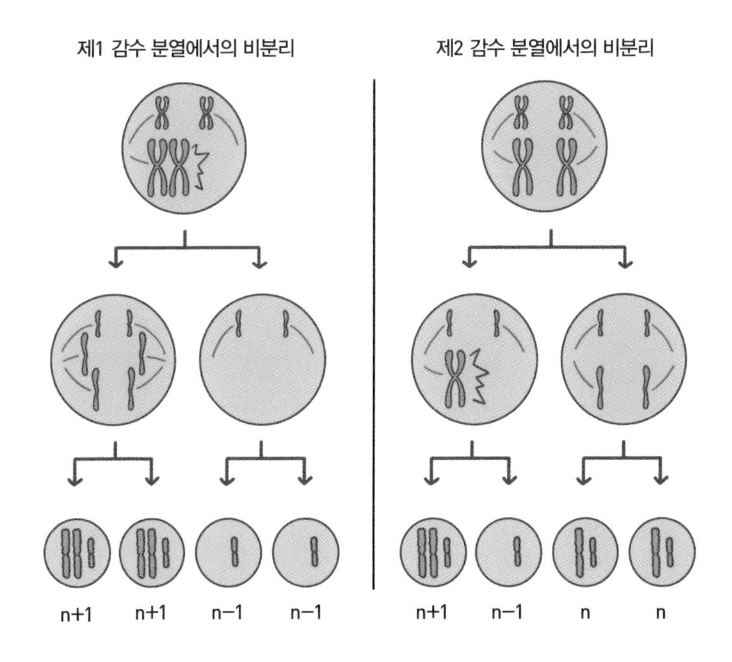

그림 2-2. 염색체가 제대로 분리되지 않는 현상. 감수 분열 중 염색체가 양쪽으로 똑같이 나누어지지 않아 딸세포에 정상(n)보다 더 많거나 더 적은 염색체가 들어가면 세포가 정상적으로 기능할 수 없다.

아낌없이 주는 난자의 아이러니

여기서 한 가지 질문을 해볼 수 있습니다. 염색체 분리가 제대로 안 되었다면 딸세포(난자)가 만들어지지 않게 분열 과정을 멈추고 모두 없애버린 다음 처음부터 다시 시작하면 되는 것 아닌가 하는 질문 말입니다.

일반적으로 우리 몸의 세포는 세포 분열 중간에 다음 단계로 넘어가도 될지 테스트를 하는 일종의 방어 시스템을 갖고 있습니다. 그 확인점(checkpoint)에서 만약 염색체가 반반으로 분리되지 않았다면, 모세포는 분열을 멈춰버립니다. 염색체 수가 이상한 딸세포가 만들어지지 않게 애초에 막아버리는 것이죠.

그런데 이 시스템이 이상하게도 난자 생성 과정에서만 먹통이 됩니다. 과학자들은 그 원인을 탐구하던 중 난자가 생성되는 과정에서의 특이한 점, 바로 난자의 크기에 주목했습니다. 인간의 정자는 머리부터 꼬리까지 그 길이가 약 0.05밀리미터로 현미경 없이는 볼 수 없는 크기입니다. 반면 난자는 지름이 약 0.1밀리미터인 둥근 공 모양의 세포로 육안으로도 식별이 가능합니다.(난자는 우리 몸에서 찾을 수 있는 가장 큰 세포 중 하나입니다.) 이렇게 난자가 큰 이유는 그 안에 초기 배아 발달에 필요한 모든 자원이 담겨 있기 때문입니다.

정자는 아빠의 유전 물질 절반을, 난자는 엄마의 유전 물질 절반을 싣고 옵니다. 그렇게 수정란이 엄마, 아빠로부터 받은 유전 물질을 활용해 알아서 발달하면 좋으련만 현실은 그렇지 않습니다. 발달 초기에 수정란이 막 세포 분열을 시작할 때는 아빠와 엄마로부터 받은 유전자들이 모두 비활성화 상태입니다. 이 말인즉슨 유전자가 돌돌 말려 있어 수정란이 읽을 수 없다는 뜻입니다. 따라서 이 유전자를 직접 사용하기 전까지 다른 자원이 필요하죠.

그 자원을 제공하는 것이 난자입니다. 난자는 유전 물질 외에 RNA와 단백질을 갖고 있습니다. 유전자가 일종의 조리법이라면 RNA와 단백질은 조리법을 읽고 마련한 각종 재료라고 보면 됩니다. 수정란은 유전자를 직접 읽을 수 없으니 대신 엄마가 난자에 저장해놓은 이 재료들을 사용해 발달을 합니다.

따라서 하나의 정모세포가 총 4개의 정자를 만들어내는 것과 달리, 난모세포는 선택과 집중을 해야 합니다. 하나의 난자 안에 자신이 갖고 있는 모든 자원을 몰아줘야 하기 때문입니다. 그래서 난모세포가 분열을 할 때는 세포가 반반씩 같은 크기로 나눠지지 않습니다. 첫 번째 분열에서는 모세포만큼 큰 딸세포 하나와 이에 비해 아주 작은 두 번째 딸세포(극체)가 생기고, 이 작은 딸세포는 (바로 혹은 한 번 더 분열 후) 결국 퇴화합니다. 두 번째 세

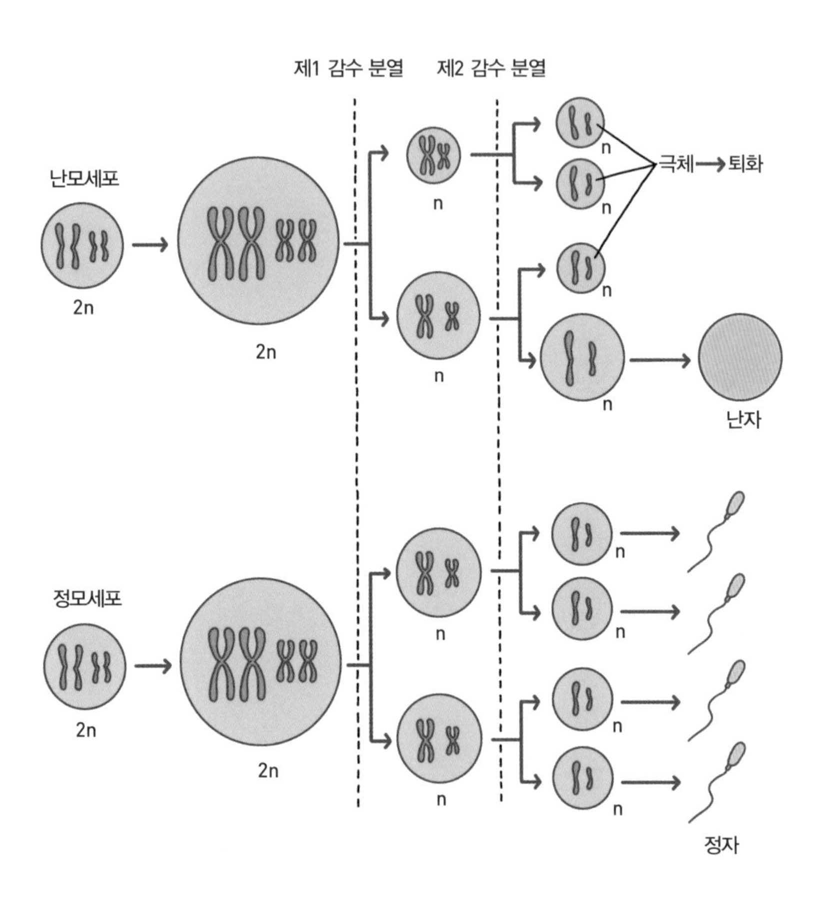

그림 2-3. 정자와 난자를 만드는 세포 분열. 분열 후 똑같은 4개의 정자를 만들어내는 정모세포와는 달리 난모세포는 모든 자원을 하나의 딸세포에 몰아준다.

포 분열에서도 같은 크기의 두 세포가 생기는 것이 아니라 큰 딸세포 하나와 작은 딸세포가 생기며 마찬가지로 작은 딸세포가 퇴화합니다. 그 결과 감수 분열을 통해 세포 하나에서 세포 넷이 나오는 것이 일반적인데, 난모세포는 감수 분열을 통해 딱 하나의 난자만 만듭니다.

그렇다면 처음의 질문으로 돌아가봅시다. 난자의 형성 과정에서 세포 분열 확인점이 제대로 작동하지 않는 이유는 무엇일까요? 과학자들은 염색체 분리가 일어나기 전 쥐의 난모세포를 반으로 잘라본 후 염색체 분리를 관찰했습니다. 그랬더니 염색체 분리에 이상이 생기자 확인점 시스템이 제대로 작동했습니다.[8] 그래서 과학자들은 난자의 크기가 문제인가 하고 생각했습니다.

하지만 알고 보니 크기만의 문제가 아니었습니다. 과학자들이 염색체가 제대로 분리되지 않은 상태로 세포 분열을 하는 개구리의 난자 추출물에 정자의 핵을 넣었더니 세포 주기 확인점이 작동하면서 분열이 멈췄거든요.[9] 즉, 확인점이 정상적으로 작동하는 데에 중요한 것은 세포의 크기와 핵에 있는 물질 간의 비율이었습니다. 난자의 경우 세포 크기에 비해 확인점 작동에 관여하는 물질은 적은 편이라 염색체가 제대로 분리되는지 스스로 점검할 수 없었던 것입니다.[10]

아무리 내 몸에서 일어나는 일이라 해도 자신의 의지나 실수 때문에 염색체가 제대로 분리되지 않는 게 아닙니다. 하지만 앞서 소개한 설문 조사에 따르면 자연 유산을 경험한 여성의 47퍼센트가 죄책감을 느낀다고 합니다.[11] 언제까지 여성은 자기의 실수가 아닌 일들, 자기도 모르게 일어난 일들에 대해 자책해야 하는 걸까요?

과학은 따뜻한 감수성보다는 차가운 논리로 가득 차 있는 학문입니다. 누구의 등을 감싸 안아주거나 손을 꼭 잡아주는 학문은 아니죠. 하지만 자연 유산이 자기 탓이라고 괴로워하는 사람들에게 위의 연구가 조금은 위안이 되었으면 합니다. 그들에게는 잘못이 없습니다.

배 속 아이가 항상 선한 천사는 아니다

다음은 엄마 몸속 태아의 존재에 대해서도 한 번 생각해보려 합니다. 물론 배 속 아기는 마땅히 보호받아야 할 연약한 존재이고 소중한 생명입니다. 하지만 실제로 태아와 엄마의 상호 작용을 들여다보면 태아가 날개 달린 천사처럼 보이지 않을 때가 더러 있습니다.

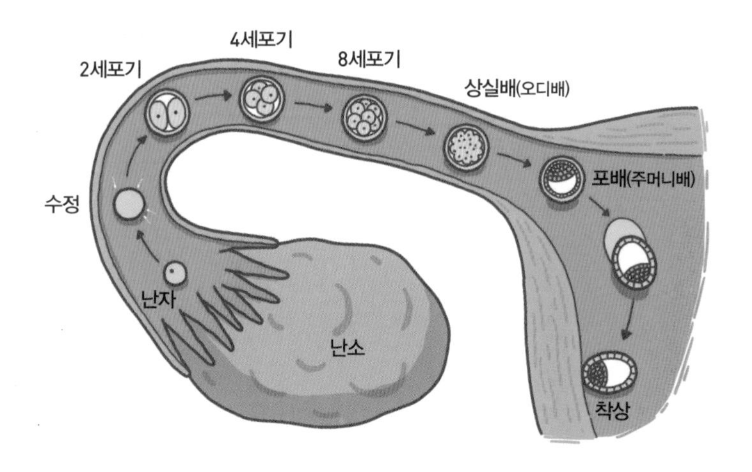

그림 2-4. 배아 초기 발달 과정. 나팔관 중간에서 만들어진 수정란은 세포 분열을 거듭하며 자궁으로 이동한다. 배아는 포배기에 이르면 원래 난자를 둘러싸고 있는 막에서 벗어나 자궁벽에 착상한다.

한 예로 착상 과정을 한 번 살펴보겠습니다. 정자와 난자는 나팔관 중간에서 만나 수정란이 됩니다. 그리고 분열을 거듭해 약 100개의 세포가 만들어졌을 때쯤 자궁에 도착합니다. 이 배아가 자궁벽에 부착되는 것을 착상이라고 하며, 이 시기에 자궁벽은 배아의 착상을 돕기 위해 이미 도톰해져 있습니다. 이제 배아는 엄마가 마련해놓은 푹신한 침대에 몸을 던지기만 하면 됩니다.

그런데 실제 배아의 착상 과정은 좀 더 공격적입니다. 2015년 한 연구는 착상 시 배아의 세포가 엄마의 자궁벽 세포를 '먹어버리는' 경우가 있다고 밝혔는데요.[12] 실제로 착상을 막 시작한 쥐의 배아를 자세히 들여다보면 자궁과 맞닿아 있는 배아 세포 안에 엄마 세포가 먹힌 모양새로 쏙 들어가 있습니다.

그뿐만이 아닙니다. 태아는 직접적으로 엄마의 몸에 영향을 미치기도 합니다. 종종 태아의 세포가 엄마의 혈액으로 들어가는 경우가 있습니다. 이 놀라운 사실은 임신부의 피에서 Y염색체를 지닌 세포가 발견되면서 알려졌습니다.[13] 남성의 Y염색체를 가진 세포가 어떻게 여성인 임신부의 몸에 있게 된 것일까요? 그 근원지는 바로 산모의 자궁에 있는 남자 태아였습니다.

태아랑 엄마는 탯줄로 연결되어 있으니 이렇게 세포가 왔다 갔다 할 수 있는 것 아니냐고 하는 분이 있을지도 모르겠습니다. 하지만 정확히 말해 엄마와 태아가 직접 혈관을 공유하고 있지는 않습니다. 탯줄과 연결된 태반은 조금 특별한 모양의 세숫대야와 같습니다. 바닥에는 엄마의 혈관이 연결되어 있어 그 공간은 엄마의 혈액으로 채워집니다. 그리고 태아의 혈관이 그 세숫대야에 담기게 됩니다. 산소와 영양분, 이산화탄소와 노폐물은 혈관벽을 사이에 두고 교환이 이뤄집니다.

곰곰이 생각해보면 현명한 구조가 아닐 수 없습니다. 일단 엄마의 혈액과 태아의 혈액이 나뉘어 있기에 두 혈액이 섞일 염려가 없습니다. 덕분에 혈액형이 달라도 괜찮지요. 그리고 영양분

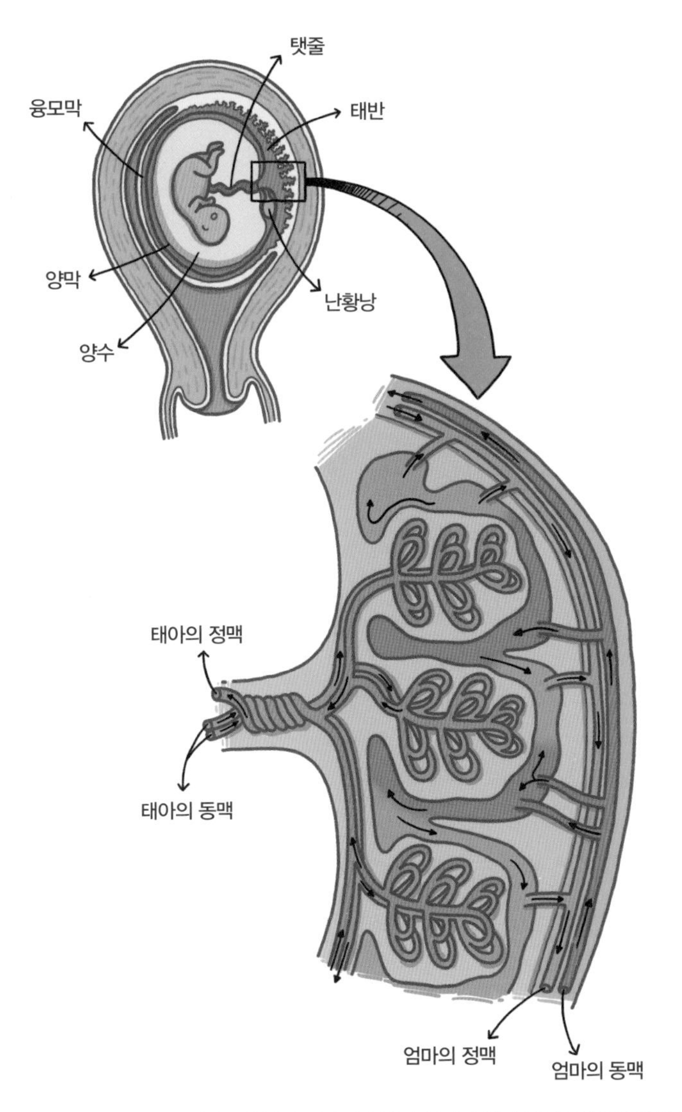

그림 2-5. 태반의 구조. 태아의 혈액과 엄마의 혈액이 섞이지 않게 분리되어 있으면서도 물질 교환이 가능한 구조이다.

을 비롯한 물질 교환이 필요하다고 두 혈관을 직접 연결해버렸다면 태아 혈관이 엄마 혈관의 압력을 버티지 못하고 터져버렸을 것입니다.

이렇게 엄마의 혈액과 태아의 혈액은 나뉘어 있지만 태아의 세포가 혈관벽을 비집고 빠져나가 엄마의 혈관으로 들어가는 경우가 종종 생깁니다. 최근 임신 20주의 여성을 대상으로 실시한 연구 결과에 따르면, 엄마의 혈액에 돌아다니는 DNA의 20퍼센트는 태아의 것으로 밝혀졌습니다.[14]

이 사실을 알게 된 과학자들은 여기서 멈추지 않았습니다. 그들은 산모의 혈액을 채취해 태아의 유전자를 검사하는 기발한 방법을 고안해냅니다.[15] 현재까지도 태아의 유전자를 검사하려면 의사가 가늘고 긴 바늘을 산모의 배에 찔러넣어 양수를 채취해야 합니다. 하지만 간단하게 임신부의 피를 채취해서 태아의 유전자를 검사할 수 있는 이 기술이 상용화되면 보다 안전하게 태아의 건강 상태를 확인할 수 있게 됩니다.

임신부의 혈액을 통해 태아의 유전병뿐 아니라 나이와 출산 예정일도 알아낼 수 있습니다. 출산일을 정확하게 예측하는 일은 예나 지금이나 쉽지 않습니다. 오늘날 배 속 아이가 몇 주차인지 알아내는 데 쓰는 초음파 검사도 그 정확도는 48퍼센트 정도밖에 안 됩니다.[16] 게다가 초음파 기계는 상당히 고가의 장비

라서 먹고 살기 힘든 개발도상국의 여성들은 그 효용을 누리기 어렵습니다.

초음파 검사 없이도 좀 더 쉽게 태아의 나이를 알아낼 수 있는 방법을 찾던 미국과 덴마크의 과학자들은 혈액 내 RNA를 살펴보기로 합니다.[17] 앞서 RNA는 세포가 유전자를 읽고 준비한 재료라 했죠. 과학자들은 태아의 나이에 따라 RNA들이 다른 농도로 임신부의 혈액에 존재할 것이라고 가설을 세웠습니다. 그리고 연구에 참여할 건강한 임신부들을 모집해, 출산할 때까지 매주 혈액을 채취해서 그 안에 어떤 RNA가 있는지 살펴봤습니다.

300개가 훌쩍 넘는 혈액 샘플들을 분석한 결과 신기하게도 임신 기간 중 조금씩 증가하거나 감소하는 RNA가 있었습니다. 예를 들면 ADAM12라는 유전자의 RNA는 임신 10주차에는 혈액 1밀리리터당 300개, 20주차에는 420개, 출산을 앞둔 38주차에는 800개로 증가했습니다. 이런 데이터베이스를 토대로 불특정 산모의 혈액을 채취해 특정 RNA의 수를 세서 태아의 나이를 가늠할 수 있게 되었습니다. 'ADAM12 RNA가 400개인 것을 보니 18주 정도 되었겠구나.' 하는 식으로 말입니다. 태아의 나이를 가늠하는 이 새로운 기술은 초음파와 맞먹는 45퍼센트의 정확도를 보여줍니다.

연구팀은 더 나아가 산모의 혈액 속 RNA로 조산 위험을 예측

할 수 있을지 알아보기로 합니다. 조산이란 예정일보다 3주 또는 그보다 더 먼저 아이를 낳는 것을 의미하는데요. 매년 전 세계적으로 1,500만 명에 이르는 미숙아가 태어나지만[18] 조산의 정확한 원인은 아직 밝혀지지 않았으며 조산 가능성을 예측하는 것 역시 쉽지 않습니다.

연구팀은 때이른 진통을 겪고 있거나 예전에 조산을 한 적이 있는 임신부들을 모집해 임신 기간 동안 그들의 혈액을 채취했

왜 엄마의 면역 시스템은 배아의 태반을 공격하지 않을까?

§

몸속 망가진 기관이나 조직을 타인의 건강한 기관이나 조직으로 대체하는 것을 장기 이식이라고 합니다. 이때 가장 중요한 것이 적합한 기증자를 찾는 것인데요. 잘못 이식하면 우리 몸의 면역 세포들이 타인의 조직이나 기관을 병균과 같은 외부 침입자로 간주해 공격할 수 있기 때문입니다.

그런데 임신을 장기 이식의 관점에서 보면 좀 이상한 점이 있습니다. 생각해보면 수정란이 가진 유전 물질의 반은 아빠에게서 온 것이고 태반은 엄마 세포와 배아 세포로 이뤄져 있으니 엄마 입장에서는 배아든 태반이든 모두 새로운 물질들입니다. 그러니 이론적으로는 엄마의 면역 세포들이 배아와 태반을 병원균처럼 해를 가할 수 있는 외부 물질

습니다. 그리고 그중 실제로 조산을 한 산모의 혈액과 정상적으로 출산을 한 산모의 혈액을 비교했습니다. 그랬더니 조산을 한 산모들의 혈액에는 RNA 7종류가 유난히 많다는 것을 알아냈죠. 그리고 이 7종류의 RNA를 토대로 다른 산모들의 혈액을 분석해 조산 가능성을 예측한 결과, 그 정확도가 75~80퍼센트에 달했습니다. 비록 50명도 채 안 되는 산모들을 대상으로 한 연구이기는 하나 더 큰 규모의 임상 실험을 통해 연구를 발전시킨다면 좋

로 간주하고 제거해야 마땅합니다. 그런데 배아는 제거되기는커녕 버젓이 자궁에 자리를 잡고 엄마가 주는 영양분을 받아먹습니다. 어떻게 이런 일이 가능한 것일까요?

임신한 쥐의 자궁을 자세히 살펴본 과학자들은 엄마의 면역 세포들이 태반 근처는 얼씬도 하지 못하는 것을 보았습니다.[19] 사실 면역 세포는 자기 멋대로 움직이는 것이 아니라 반드시 신호를 받고 출동을 합니다. 소방차가 출동하기 위해서는 119에 신고하는 사람이 있어야 하는 것처럼요. 그런데 배아가 착상이 되고 태반이 만들어지면 태반과 맞닿아 있는 자궁 세포들이 면역 세포를 호출하는 신호를 아예 꺼버립니다. 신고도 들어오지 않았는데 소방차가 움직일 이유는 없겠죠. 따라서 엄마의 면역 세포는 배아와 태반을 눈앞에 두고도 외부 물질로 인식하지 못합니다. 이렇게 배아는 면역 세포를 교묘하게 피해 쑥쑥 자랍니다.

은 결과를 기대해볼 수 있을 것 같습니다.

그런데 태아의 세포는 엄마의 혈관 속에만 있는 것이 아닙니다. 엄마 몸에 들어온 태아 세포 대부분은 면역 시스템에 의해 사라지지만, 그중에는 엄마의 몸속에 자리 잡아 출산 후 10년 넘게 남아 있는 것도 있습니다. 이렇게 엄마 몸에 남은 태아 세포에 대해서는 의견이 분분합니다.[20] 엄마의 암세포에서 태아 세포가 발견되면서 이들의 존재가 유해하다는 주장도 있고, 정반대로 엄마의 상처 치유에 도움을 준다는 주장도 있습니다.

임신 중독의 원인은 누구에게?

위생 상태나 의학 장비 등이 열악했던 과거에 비하면 지금은 선진국을 중심으로 산모 사망률이 많이 낮아졌습니다. OECD 통계에 따르면 2016년 우리나라의 산모 사망률은 10만 명 중 8.4명으로 17.2명을 기록한 2011년부터 계속 감소하고 있습니다.[21] 우리나라의 영아 사망률 역시 북유럽 국가들과 어깨를 나란히 할 만큼의 낮은 수치를 자랑합니다.

그런데 이런 핑크빛 수치에 가려져 있는 것이 있습니다. 바로 임신 중 또는 출산 이후 엄마들이 얻는 질병이죠. 그중 하나가 바로 대중에게는 '임신 중독'으로 알려져 있는 전자간증(pre-eclampsia, 자간전증)입니다. '자간'은 분만 전후 전신의 경련 발작과 의식 불명을 일으키는 질환을 말하는데, 전(前)자간증은 자간 전에 나타나는 증상들(예를 들어 고혈압, 부종, 단백뇨 등)을 말합니다. 이런 증상들을 완화시키기 위해 약물을 쓰기도 하나 근본적인 치료법은 결국 분만이다 보니 전자간증은 조산의 원인이 됩니다. 또한 제대로 치료가 이뤄지지 않으면 산모의 장기 파열과 뇌출혈로 이어집니다.

실제로 전자간증은 전 세계 산모의 약 5퍼센트가 앓고 있는 병으로 산모를 사망에 이르게 하는 가장 큰 원인 중 하나입니다.[22] 통계에 따르면 세계적으로 한 시간당 5명이 이 병으로 사망한다고 합니다.[23] 우리나라의 경우 전자간증 환자 수는 2017년 기준 약 1만 명으로 알려져 있습니다.[24]

이렇게나 많은 산모들을 괴롭히고 있는 병이기에 과학자들은 그동안 이 병의 원인을 알기 위해 백방으로 노력했지만, 성과는 생각보다 더디었습니다. 2004년, 전자간증의 원인은 50퍼센트 이상이 유전적 요인이라는 연구 결과가 발표되었지만[25] 어떤 유전자가 어떤 식으로 병을 일으키는 것인지에 대해서는 뚜렷이 밝혀진 것이 없었습니다.

그러던 중 전자간증의 특이한 유전적 요인을 잘 보여주는 사건이 있었습니다. 전자간증 때문에 배 속 아이를 잃고 자신의 목숨마저 잃을 뻔한 한 여성이 있었습니다. 그녀와 그녀의 남편은 결국 대리모를 통해 아이를 갖기로 했습니다. 담당의는 부부의 수정란을 대리모의 자궁에 착상시켰고 태아는 건강하게 자랐지요. 하지만 출산 예정일을 5주 남기고 대리모가 전자간증 때문에 입원을 하게 됩니다. 위험할 정도로 혈압이 높아 대리모의 신장이 파열될 것을 염려한 의사는 결국 수술을 감행합니다. 다행히 수술 후 대리모는 무사했고 아이는 인큐베이터에서 잘 자라 부부의 품에 안겼습니다.

그런데 해피엔딩으로 끝난 이 이야기에는 조금 이상한 점이 있습니다. 대리모는 이미 출산 경험이 있고 그때에는 전자간증을 앓은 적 없이 무사히 출산일에 맞추어 분만을 했습니다. 그런데 자신의 아이가 아닌 부부의 아이를 임신하자 난데없이 전자간증을 앓게 된 것입니다. 그렇다면 혹시 부부의 아이가 전자간증의 원인을 제공한 것일까요?

이러한 의문에 참고할 만한 연구가 2017년에 발표되었습니다.[26] 배 속 아이의 유전자가 원인일 가능성을 제시하는 것이었죠. 연구에 따르면 전자간증을 앓은 산모들과 건강한 산모들을 모집해서 살펴봤을 때에는 그들 사이에서 눈에 띄는 유전적 차이가 없었다고 합니다. 그런데 여기서 연구팀은 포기하지 않고 생각을 바꿔 산모 대신 그들로부터 태어난 아이들의 유전자를 살펴보기로 합니다. 전자간증을 겪은 엄마로부터 태어난 아이 2,658명과 정상적으로 태어난 아이 30만 8,292명의 유전자를 분석한 대규모 작업이었습니다.

두 그룹의 유전자를 분석해보니 FLT1이라는 유전자 주변에서 유의미한 차이들이 보였습니다. 이 사실이 중요한 이유는 이 유전자가 만드는 단백질이 임신 기간 동안 배아 세포에서 생성되어 엄마의 혈관으로 들어간다고 알려져 있기 때문입니다. 이 연구는 배 속 아이의 유전자가 임신부의 건강에 영향을 미칠 가능성을 제시했다는 점에서 의미가 있습니다.

◆ ◆ ◆

지난해, 방학을 맞아 한국에 가자마자 산부인과를 찾았습니다. 오랜 단짝 친구가 임신 후 입원을 했거든요. 조산을 막기 위해 수술을 했고, 출산까지 다섯 달을 그저 병원에서 누워 있어야 한다는 소식을 듣고 얼마나 놀랬던지. 차라리 "나 어떡해."라며 제가 안절부절할만큼 울었다면 좋았으련만, 아이가 빨리 나오지 않게 그저 기도할 뿐이라는 친구의 말이 더 안타까웠습니다. 이렇게 덤덤한 것은 걱정과 두려움이 없어서가 아니라 이미 너무 많이 걱정했고 너무 많이 두려워했기 때문임을 잘 알고 있으니까요.

친구를 만나기 위해 들어선 병원의 공기는 바깥 공기보다 세 곱절 더 무거웠습니다. 맞바람 치는 거리를 걸어가듯 평소보다 어렵게 한발 한발 친구의 병실을 찾았고, 환자복을 입은, 움직이지 못해 살짝 부은 얼굴의 친구가 누워서 저를 반겼습니다. 친구의 배 속 아이가 얼마나 밉던지 제가 한마디 했습니다. "이 놈, 나오기만 하면 엉덩이를 꼬집어줄꺼야. 엄마를 이렇게 힘들게 하다니!"

다행히도 제 친구는 무사히 조산 위기를 넘기고 출산을 했습니다. 그 후 한 달 즈음 지났을까요. 뉴스 기사 하나가 제 눈길을 끌었습니다. 조산 위험이 있는 임산부들에게 의사들은 출산까지 침대에 누워 꼼짝도 하지 말라고 하지만 실제로 이게 효과가 있는지 정확히 밝혀진 적이 없다는 기사였죠.[27] 게다가 이렇게 옴짝달싹 못하는 것이 임신부에게 오히려 해가 될 수도 있다는 연구도 있었습니다.[28] 하던 일을 그만두는 것은 물론이고 사람들도 쉽게 만나지 못한 채 몇 달간 기본적인 자유조차 포기하고 혼자서 외롭게 보내게 해놓고는 사실 효과조차 모르는 처방이었다니, 병원 침대에 누워 있던 제 친구의 모습이 겹쳐지면서 너무나도 화가 났습니다.

엄마의 자원과 보호 없이는 인간 배아가 온전히 발달할 수 없는데도 불구하고 임신부가 겪는 변화에 대해서는 실험실도, 연구 지원도 부족한 것이 현실입니다. 어찌된 일일까요? 혹시 '모성애'라는 거룩한 단어 아래 임신부와 산모의 정신적, 신체적 고통은 당연하게 여겨지고, 엄마라면 누구나 다 겪는 일이라면서 그녀들의 고통을 들어도 못 들은 척, 알아도 모르는 척 묵인한 사회의 모습이 고스란히 실험실에 반영된 것일까요?

"여자는 약해도 어머니는 강하다."는 말이 있지만, 그렇게 엄마를 '슈퍼우먼'으로 묘사하는 것이 개인적으로 달갑지만은 않습니다. 엄마 역시 곧 세상에 태어날 아이만큼이나 인권을 존중받고 과학 발전의 혜택을 누릴 자격이 있습니다. 과학적으로 검증된 조언들, 임신 중과 출산 후에 나타나는 변화들에 대한 연구들, 그리고 출산 이후 겪는 크고 작은 질환들에 대한 의료 서비스가 늘어나기를 기대해봅니다.

3강

학교에서 배우다 만 유전자

탄탄하고 늘씬한 몸매. 큰 키에 돋보이는 패션 감각. 처음 본 사람을 금새 자기 사람으로 만드는 특유의 친화력. 제 이야기라면 정말 좋겠으나 아쉽게도 제가 아닌 제 남동생 이야기입니다. 매일하는 강의지만 여전히 긴장하며 수업에 들어가는 저와는 달리 사람들의 시선을 맘껏 즐기는 동생을 보면 둘이 같은 배에서 나온 게 의심스러울 정도죠.

같은 부모에게서 태어났지만 이렇게 형제 자매가 서로 다른 것은 20세기 초만 해도 설명되지 않는 미스터리였습니다. 당시 유전에 대한 일반적인 견해(혼합설)에 따르면 자손은 엄마와 아빠로부터 유전 물질을 절반씩 받으므로 부모의 형질이 섞인 모습을 가져야 하거든요. 간단히 말해, 키 큰 아빠와 키 작은 엄마를 가진 자녀는 중간 키를 갖는다는 것이죠.

이 혼합설을 대체한 것이 바로 우리가 고등학교에서 배우는 멘델의 유전 법칙입니다. 두 가지 색이 섞여서 중간 색이 나오는 식으로 형질이 결정되는 것이 아니라 두 가지 색 중 어느 것이 우세한지에 따라 형질이 결정된다는 법칙입니다. 멘델의 법칙이 사람들로부터 인정을 받은 것이 1900년대 초이니까 "우리가 어떻게 부모님을 닮는 걸까?"라는 이 간단한 질문에 과학이 제대로 된 답을 내놓은 지 이제 100년이 조금 넘은 셈입니다.

하지만 유전학 이야기는 여기서 끝이 아닙니다. 오히려 재밌는 이야기는 여기서부터 시작합니다. 멘델의 법칙이 보편적이기는 하나 이로는 설명되지 않는 현상들이 많습니다. 유전학은 예외가 허락되지 않는 빽빽한 학문이 아닌, 여러 가지 설명과 가설이 모여서 선보이는 풍부한 맛이 일품인 학문입니다. 하지만 대개는 딱 멘델의 법칙까지만 배우죠. 도미노 블록이 넘어지듯 성별이 결정되는 것도, 염색체 하나가 통째로 꼬깃꼬깃 구겨져 세포의 한쪽으로 치워지는 것도, 세포가 엄마 유전자와 아빠 유전자를 구별하는 것도 모두 잘 알려져 있지 않습니다.

그래서 준비했습니다. 학교에서도 쉽게 배울 수 없는, 그래서 있는지도 몰랐던 유전학의 세계로 여러분을 초대합니다.

XY는 남자, XX는 여자?

"여자아이에요, 남자아이에요?" 임신 소식을 축하하며 흔히 물어보는 것이 성별입니다. 보통 배 속 아이가 남자인지 여자인지는 임신 후 네다섯 달 정도가 되었을 때 의사가 초음파 검사를 통해 생식기를 보고 판단합니다. 하지만 배아 발달 초기에는 이 같은 방법으로 성별을 알아낼 수 없습니다. 배아에 남자의 생식기와 여자의 생식기 구조가 모두 존재하기 때문입니다(그림 3-1 참조).

그래서 배아 발달 초기의 생식기 구조를 '두 가능성을 모두 지닌(bipotent) 생식선(gonad)'이라고 부릅니다. 수정 후 약 7주가 지나면 그제야 남자 배아는 여성의 생식기 구조를 없애고 남성 생식기 구조를 발달시키는 한편, 여자 배아는 남성의 생식기 구조를 없애고 여성의 생식기 구조를 발달시킵니다.

그렇다면 남성과 여성은 어떻게 결정되는 것일까요? 남성으로부터 온 물질에 자손이 물려받을 모든 특징이 들어 있고 여성의 몸은 그저 물질적 재료를 제공한다고 믿었던 그리스의 철학자 아리스토텔레스는 남자가 활력 있는 정액을 만들어내지 못하면 딸을 낳는다고 주장했습니다.[1] 불과 100여 년 전만 해도 사람들은 엄마의 영양 상태와 같은 환경적 요인이 태아의 성별을 결

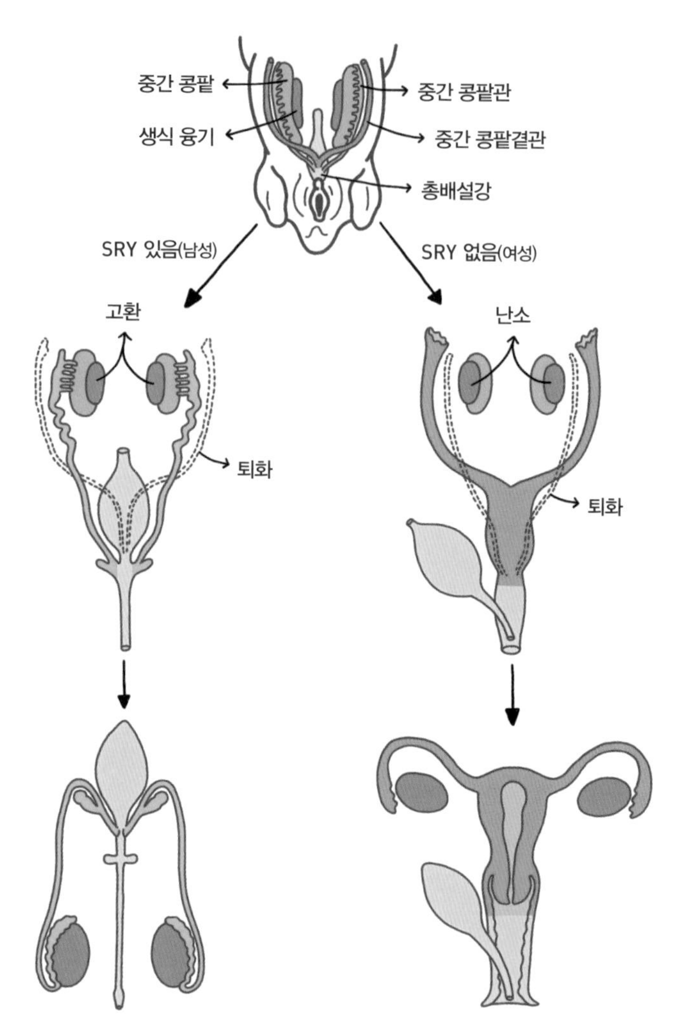

그림 3-1. 여성 생식기와 남성 생식기의 발달. 초기 배아는 성별에 상관없이 남성의 생식기와 여성의 생식기를 둘 다 발달시킬 수 있는 구조를 갖는다. 하지만 발달 과정에서 그 중 하나가 퇴화한다.

정한다고 믿었고요.[2] 하지만 현미경이 발달하면서 여자에게는 2개의 X염색체가, 남자에게는 하나의 X염색체와 하나의 Y염색체가 있다는 것이 밝혀집니다. 이를 토대로 과학자들은 X, Y염색체 수와 성별이 결정되는 관계에 대해 여러 가지 가설을 세웠습니다.

첫 번째 가설은 바로 X염색체의 수가 하나면 남자, 둘이면 여자라는 것이었습니다. 하지만 곧 X염색체가 하나만 있어도 Y염색체가 없으면 여성으로 발달한다는 것이 밝혀집니다.(이런 여성의 경우 불임이나 심장 질환이 있는 경우가 있습니다.) 게다가 여자아이 1,000명 중 1명꼴로 X염색체가 3개인 아이가 태어납니다.[3] '초여성 증후군(superfemale syndrome)'이라고도 불리는 이 XXX여성은 정상 여성과 크게 다를 바 없이 발달합니다. 이렇게 해서 X염색체의 수가 성별을 결정한다는 첫 번째 가설은 기각됩니다.

성염색체가 성을 결정하는 방법에 대한 두 번째 가설은 X염색체와 Y염색체의 비율이 1 대 1이면 남성이라는 것이었습니다. 하지만 정상적인 X염색체 2개와 Y염색체 하나가 있는 경우, 심지어 X염색체 3개와 Y염색체 하나가 있는 경우 모두 남성으로 발달한다는 사실이 알려지면서 이 가설 역시 탈락합니다.

미궁 속에 빠진 듯한 상황에서 과학자들은 한 가지 패턴을 발견합니다. 일반적인 XX여성과 XY남성, 그리고 특이한 XO여성

(X염색체 하나만 가진 여성), XXX여성, XXY남성, XXXY남성을 가만히 보고 있자니 핵심은 Y염색체에 있었습니다. 과학자들은 X염색체의 수와 관계없이 Y염색체가 있으면 남성, Y염색체가 없으면 여성이 된다고 결론을 내립니다.

여기까지가 우리가 알고 있는 'Y염색체가 있으면 남자, 없으면 여자'라는 공식이 나오게 된 과정입니다. 하지만 이 공식에도 예외가 존재합니다. Y염색체가 버젓이 있는데도 여성으로 발달하는 케이스가 하나 둘 발견된 것이었죠. Y염색체 유무만으로는 설명 불가능한 사례들에 과학자들을 당혹스러움을 감추지 못했습니다. 도대체 어떻게 된 일일까요?

Y염색체를 갖고 있는 여성은 외부 생식기는 물론 자궁과 나팔관 역시 XX여성과 별반 다른 것 없지만, 난소가 정상적으로 발달하지 못해 대부분 불임입니다. Y염색체가 있는데도 불구하고 여성이 되다니, 이를 의아하게 여긴 과학자들은 그들의 Y염색체를 유심히 살펴봤습니다. 그 결과 공통적으로 유전자 하나가 Y염색체에서 지워져 있었는데요.[4] 과학자들은 염색체에서 사라진 이 부분이 남자가 되는 데 꼭 필요한 것이라고 결론 내리고 이것을 'Y염색체의 성 결정 부위(sex-determining region of the Y chromosome)', 줄여서 SRY유전자라고 명명합니다.

SRY유전자의 발견은 XX남성이 존재하는 이유도 완벽하게 설명해냅니다. 2만 5,000분의 1이라는 아주 작은 확률이기는 하지만 X염색체가 2개인 남성이 태어나는 경우가 있습니다. 이런 남성은 고환이 정상보다 작다는 것 외에는 외부 생식기에 있어서 정상 남성과 큰 차이가 없고, 다만 사춘기가 늦거나 불임일 수 있는데요. 이들을 대상으로 유전자 검사를 해보면 SRY유전자가 X염색체 중 하나에 있는 것을 볼 수 있습니다.

본래 Y염색체에 있어야 할 SRY유전자가 어떻게 X염색체에서 발견되는 걸까요? 유전자에 다리라도 달려 있는 걸까요? 그 답은 정자나 난자를 만드는 세포 분열에서 찾을 수 있습니다. 세포 분열 시 쌍을 이루는 염색체는 서로 유전자가 같기 때문에 쉽게 짝을 찾아 세포 중앙에 줄을 섭니다.(X염색체와 Y염색체는 크기가 확연히 다르기는 하지만 두 염색체 양쪽 끝에 같은 유전자들을 갖고 있어서 마찬가지로 서로를 찾을 수 있습니다.) 이렇게 두 염색체가 만나 접하면 유전자 교환이 일어날 수 있습니다(그림 3-2 참조). SRY유전자의 경우 Y염색체에서 유전자 교환을 할 수 있는 부분에 있는 건 아니고 그 아래쪽에 위치해 있는데요. 교환 과정 중 오류가 생겨 SRY가 X염색체로 옮겨지는 사고가 발생하면 XX인 남성이 나오게 됩니다.

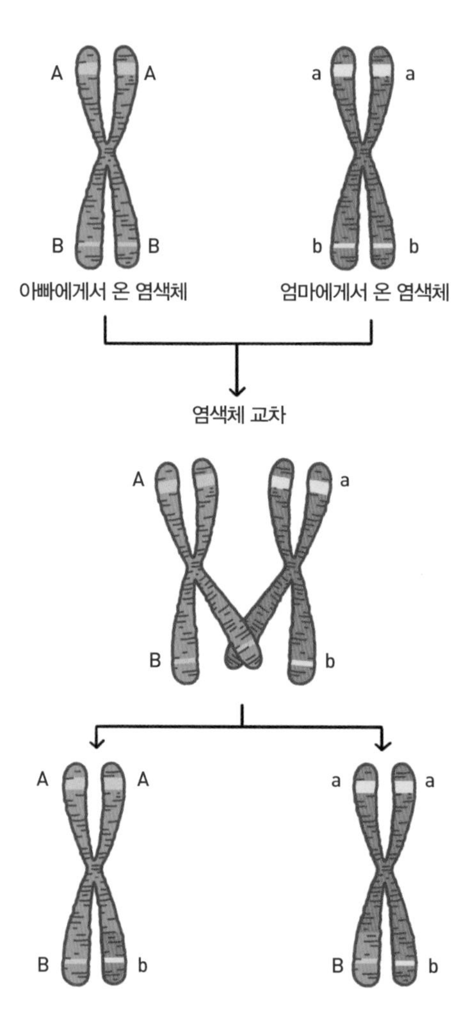

그림 3-2. 염색체 교차. 감수 분열에서는 엄마로부터 온 염색체와 아빠로부터 온 염색체가 짝을 짓는데 이때 두 염색체 사이에서 유전자 교환이 일어날 수 있다. 위 그림에서 유전자 B와 유전자 b의 위치가 바뀐 것에 주목하자.

내 안의 다른 성(性)

SRY유전자는 구체적으로 무슨 일을 할까요? 사실 우리 세포에는 성별에 관계없이 남성과 여성의 신체적 특징을 만드는 데 필요한 유전자들이 모두 존재합니다. 다시 말해, 여성에게도 남성의 특징을 만드는 '남성 결정 유전자'들이 있고, 남성에게도 여성의 특징을 만드는 '여성 결정 유전자'들이 있습니다.

그러나 요리책이 식탁 위에 놓여 있다 해서 요리가 저절로 되지 않듯, 단순히 유전자가 있다 해서 그 유전자가 알아서 우리의 특성을 만들어내는 것이 아닙니다. 유전자는 정보일 뿐이고, 세포가 유전자를 읽어 RNA나 단백질 같은 물질을 만들어내야 비로소 나의 물리적 특징이 형성됩니다.(이것을 유전자 활성화 또는 발현이라고 합니다.) 그리고 SRY유전자는 이 조리법을 읽는 데 꼭 필요한 요소입니다.

세포가 SRY유전자를 읽게 되면 남성 결정 유전자들이 차례로 활성화되고 동시에 여성 결정 유전자들은 발현이 억제됩니다. 마치 도미노의 첫 번째 블록을 툭 치면 순차적으로 나머지 블록들이 쓰러지는 것과 같습니다. 반대로 SRY유전자가 없는 배아에서는 여성 결정 유전자들이 발현되고 남성 결정 유전자들은 억제됩니다. 이렇게 서로 다른 형질을 결정하는 유전자들이 상대를 억제하는 기작은 남성 아니면 여성이라는 두 선택지 중 하나가 확실하게 정해지는 것을 돕습니다.(드물기는 하지만 남성의 생식기와 여성의 생식기를 모두 발달시키는 경우도 있습니다.)

중요한 것은 이런 성 결정 기작이 '평생' 작동한다는 것입니다. 과학자들이 밝혀낸 바에 따르면, 우리 몸은 선택된 성을 유지하기 위해 끊임없이 노력합니다. 성별에 따라 생식기 구조와 호르몬 수치가 정해진 이후에도 내 안의 다른 성(性)은 호시탐탐 기회를 엿보고 있습니다.

설명을 위해 대표적으로 Foxl2라는 유전자를 살펴보겠습니다. SRY의 발견 이후 과학자들은 남성 결정 유전자들과 여성 결정 유전자들을 하나하나 밝혀내기 시작했는데, 그중 여성 결정 유전자 중 하나인 Foxl2는 난소의 발달과 기능에 중요한 역할을 한다고 알려져 있습니다.[5] 과학자들은 성이 결정되고 생식기가 완전하게 발달한 성체도 Foxl2의 기능을 필요로 하는지 궁금했습니다. 그래서 정상적으로 성장한 암컷 쥐에서 이 유전자를 지워버리는 실험을 합니다. 그 결과 놀랍게도 난소 세포가 고환(정소) 세포로 변합니다.[6]

놀란 과학자들은 혹시 여성 결정 유전자에만 국한된 것이 아닐까 의심하며 반대되는 실험을 해보기로 합니다. 이번에는 이미 자란 수컷 쥐에서 남성 결정 유전자 중 하나를 지웠습니다.

그랬더니 고환 세포가 난소 세포로 변하고, 수컷 쥐에서 여성 호르몬 중 하나인 에스트로겐(estrogen)이 분비되기 시작했습니다.[7]

지난 학기에 학교에서 다른 교수의 인문학 수업 하나를 청강할 기회가 있었습니다. 수업 내용보다 더 생생히 기억나는 것은 수업 첫날입니다. 그 교수가 학생 한 명 한 명에게 자기소개를 부탁하면서 '그녀(she)'로 불리기를 원하는지, '그(he)'로 불리기를 원하는지, 아니면 다른 대명사로 불리기를 원하는지를 물었죠. 단순히 외관으로 성별을 단정짓지 않고 성의 다양성을 인정하려는 노력이 학교 울타리 안에서 자리를 잡고 있음을 경험한 날이었습니다.

성소수자를 향한 날 서린 시선은 '정상'이 아니라는 편견에서 시작됩니다. 하지만 성별은 난자와 정자가 만나는 순간 스위치를 켠 것처럼 단번에 정해지고 절대 변할 수 없다고 믿었던 것이 사실이 아닐 때, 과연 '비정상'은 무엇인가라는 의문이 남습니다. 우리의 성을 유지하기 위해 세포들이 평생 노력한다는 위의 연구는 성의 정의, 성의 유동성을 새로운 시각으로 바라보게 합니다.

누가 X염색체를 구겨놓았나

남녀 모두가 갖고 있는 X염색체는 Y염색체보다 덩치도 크고 유전자도 더 많이 갖고 있습니다. 실제로 X염색체에는 성 관련 유전자를 비롯해 다양한 형질을 결정하는 약 800개의 유전자가 있습니다. X염색체 하나만 가진 여성은 살 수 있어도 Y염색체 하나만 가진 남성은 살 수 없다는 점만 봐도 X염색체는 우리의 생존과 밀접한 관계가 있음을 알 수 있습니다. X염색체의 X가 'extra', 즉 '여분의'라는 뜻임을 상기해보면 참 아이러니합니다.

그렇다면 이렇게 중요한 X염색체가 정상 여성의 세포에는 2개, 정상 남성의 세포에는 1개가 있는 것은 괜찮을까요? 유전자가 두 배면, 세포가 유전자를 읽고 만드는 RNA와 단백질 역시 두 배가 되기 때문에 우리 몸에 문제가 생길 수 있습니다. 따라서 남녀 사이 X염색체 수의 불균형을 해결하는 것은 아주 중요한 문제입니다. 이 문제를 해결하기 위해 인간을 포함한 포유류의 경우 여성 세포의 X염색체 중 하나를 읽지 못하게 처리해 유전자의 발현 정도를 남성 세포와 같은 수준으로 만듭니다. 이것을 X염색체 비활성화 또는 불활성화(X chromosome inactivation)라고 합니다. 최종적으로 여성이 가진 X염색체 중 정작 일을 하는 것은 단 하나입니다.

그렇다면 여성 세포는 두 X염색체 중 어느 것을 비활성화시킬까요? 세포들은 각자 무작위로 고릅니다. 둘 중 하나는 엄마로부터 온 것이고 다른 하나는 아빠로부터 온 것인데요. 예를 들어 여성 몸에서 세포 100개를 떼어내 살펴보면 엄마로부터 받은 X염색체를 비활성화시킨 세포와 아빠로부터 받은 X염색체를 비활성화시킨 세포의 수는 50 대 50으로 딱 반반입니다. 그래서 "여성은 모자이크다."라고도 합니다. 같은 몸에 있는 세포라고 해도 어떤 세포는 엄마로부터 받은 X염색체의 유전자를 발현시키고, 어떤 세포는 아빠로부터 받은 X염색체의 유전자를 발현시키기 때문입니다.

모자이크라는 말이 좀 더 쉽게 다가오는 예는 바로 칼리코 고양이입니다. 그림 3-3에서 검은색, 흰색, 주황색이 섞인 삼색 칼리코 고양이가 보이나요? 굳이 생식기를 확인하지 않아도 이 고양이는 암컷이라고 확신할 수 있습니다. 수컷은 이렇게 털 색깔이 알록달록할 수가 없기 때문인데요. 이 고양이의 털이 검은색이 될지 주황색이 될지 결정하는 유전자는 X염색체에 있습니다. 암컷의 한 X염색체는 검정색 유전자를, 또 다른 X염색체는 주황색 유전자를 가졌다면 이 경우 둘 중 하나가 무작위로 비활성화되기 때문에 고양이의 몸 곳곳에 주황색 털과 검은색 털을 같이 보게 됩니다.(참고로 흰색 털을 만드는 유전자는 성염색체가 아닌 다른 염색체에 있습니다.) 반면 수컷의 경우 X염색체가 달랑 하나이기 때문에 검은색 털 또는 주황색 털 중 하나만 갖게 됩니다.

이렇게 X염색체 전체가 완전히 비활성화되는 기작은 단순히 신기한 현상을 만드는 데 그치지 않고 새로운 치료법 개발에도 응용됩니다. 그중 대표적인 것이 미국 매사추세츠 대학교 의대, 캐나다 브리티시컬럼비아 대학교 등의 공동 연구팀이 2013년에 발표한 다운 증후군 연구입니다. 다운 증후군은 21번 염색체가 정상보다 하나 많은 3개라서 발생하는 병입니다. 따라서 가장 좋은 치료법은 하나를 없애 2개로 만드는 것이죠. 하지만 염색체를 하나 통째로 제거하는 것이 쉬운 일은 아니기에 과학자들의

그림 3-3. 이 중에서 맨 오른쪽에 있는 삼색 칼리코 고양이는 생식기를 확인하지 않아도 암컷임을 알 수 있다.

고민은 깊어졌습니다.

그러던 어느 날, 갑자기 기발한 생각이 떠오릅니다. 실제로 없애지 않아도 없는 것처럼 만들면 되잖아! 즉, 발현만 되지 않도록 비활성화시키면? 그렇게 과학자들은 X염색체가 비활성화되는 과정에서 꼭 필요한 이그지스트(Xist)라는 이름의 유전자에 주목합니다.

이그지스트는 유전자가 발현되지 않도록 꽁꽁 묶을 수 있는 여러 인자들을 X염색체로 데려오는 역할을 수행합니다. 연구팀은 21번 염색체 중 하나에 이 유전자를 삽입했습니다. 그랬더니 해당 염색체가 비활성화되면서 세포는 21번 염색체가 2개인 정상 세포처럼 행동했습니다.[8] 아직 동물을 대상으로 그 효과를 입증한 결과는 발표되지 않았기에 섣불리 단언하기는 어렵지만 언젠가 이런 식으로 다운 증후군을 치료할 날이 올지도 모릅니다.

혹자는 여성 세포와 남성 세포의 염색체 불균형은 X염색체뿐만 아니라 Y염색체도 해당이 되는 것 아닌지 궁금해할 수 있습니다. 여성 세포에는 Y염색체가 없는데 남성 세포에는 하나가 있으니 여성은 Y염색체에 있는 유전자들을 어디선가 보충해야 하는 것 아닌지 말입니다. 하지만 보충할 방법도 없을뿐더러 Y염색체에 있는 유전자 대부분은 정자 생성 등 남성의 특성들을 발달시키는 데 관여하는 것들이라 보충할 필요도 없습니다.

있어도 못 쓰는 유전자?

우리가 정상적으로 발달하기 위해서는 세포 안에 46개의 염색체가 있어야 하죠. 그렇다면 수정란에 46개의 염색체를 채워 넣되, 모두 정자에서 가져오거나 또는 난자에서 가져와도 수정란은 정상적으로 발달할 수 있을까요?

조금은 독특한 이 질문에 답하기 위해 과학자들은 실험을 해 보았습니다. 먼저 쥐의 정자와 난자를 수정시킨 후에 수정란에서 난자의 염색체를 제거한 후 아빠 쥐의 다른 정자에서 염색체를 추출해 이 수정란에 넣었습니다. 반대로 다른 수정란에서는 정자의 염색체를 제거한 후 엄마 쥐의 다른 난자에서 염색체를 꺼내 이식했습니다. 그렇게 아빠 염색체만 있는 수정란과 엄마 염색체만 있는 수정란이 만들어졌습니다.

그 결과 두 수정란은 정상적인 수정란과 같이 46개의 염색체를 가졌음에도 결국 발달을 멈췄습니다.[9] 이 실험은 염색체 수가 46개여야 하고 또한 아빠 염색체와 엄마 염색체가 모두 있어야 배아가 정상적으로 발달한다는 것을 보여줍니다.

왜 그럴까요? 바로 각인 유전자(imprinted gene) 때문입니다. 이 유전자는 아빠, 엄마로부터 물려받은 유전자 중 하나만 골라 발현시킵니다. 인간의 경우 2만여 개 유전자 중 50개 내외가 이

각인 유전자에 속한다고 알려져 있습니다.[10]

성염색체를 제외하고 1번 염색체부터 22번 염색체까지 쭉 나열해 보면 비슷한 크기의 염색체들이 쌍을 이루고 있는데요. 쌍을 이루는 두 염색체 중 하나는 엄마로부터, 다른 하나는 아빠로부터 온 것입니다. 각각은 크기도 같고 유전자 개수도 같습니다. 하지만 하나하나 자세히 살펴보면 엄마 유전자와 아빠 유전자가 조금 다를 수도 있습니다. 예를 들어 오믈렛을 만드는 유전자라도 아빠 유전자는 베이컨 오믈렛 만드는 법을, 엄마 유전자는 연어 오믈렛 만드는 법을 알려주는 것이죠. 일반적으로 세포는 유전자가 엄마로부터 온 것이든 아빠로부터 온 것이든 구별하지 않고 둘 다 발현시킵니다. 따라서 베이컨 오믈렛과 연어 오믈렛이 모두 만들어집니다.

그런데 각인 유전자의 경우 엄마 유전자와 아빠 유전자 중 하나가 꼬깃꼬깃 접혀 있어서 세포가 둘 중 하나만 읽을 수 있습니다. 따라서 정자 또는 난자로만 46개의 염색체를 채우면 필요한 유전자를 아예 발현하지 못하는 경우가 생깁니다. 예를 들어 오믈렛 유전자가 각인 유전자라 아빠 조리법은 읽을 수 없게 접힌다고 합시다. 그런데 수정란이 아빠 염색체로만 이루어져 있으면 세포는 오믈렛을 아예 만들 수 없겠죠. 이 경우 수정란은 비정상을 자각하고 곧 발달을 멈추게 됩니다.

각인 유전자와 관련된 대표적인 질병이 엔젤만 증후군(Angelman syndrome)입니다. 주된 증세는 지적 장애, 발달 장애인데요. 까닭 없이 웃고 얼굴이 어려 보이는 독특한 증상 때문에 '행복한 꼭두각시 증후군'이라고도 불립니다. 이 병은 15번 염색체에 위치한 UBE3A 유전자의 돌연변이로 인해 발생합니다.

그런데 그 발병 기작이 좀 특이합니다. 예를 들어 창수와 준하라는 아이 모두 UBE3A가 비정상인 염색체를 하나씩 갖고 있다고 합시다. 그런데 창수만 엔젤만 증후군을 앓고 있고 준하는 정상입니다. 어떻게 이런 일이 일어날 수 있는 것일까요?

UBE3A는 각인 유전자입니다. 이 유전자의 경우 아빠로부터 받은 것은 발현되지 않게 꽁꽁 접히고 엄마로부터 받은 것만 발현됩니다(그림 3-4 참조). 따라서 돌연변이 유전자를 아빠로부터 물려받았다면 문제가 되지 않습니다.(엄마로부터 받은 정상 유전자가 발현될 테니까요.) 하지만 정상 유전자를 하필 아빠로부터 물려받았다면 상황이 완전 달라집니다. 정상 유전자가 있지만 세포는 이걸 쓸 수 없거든요. 대신 엄마로부터 온 비정상 유전자만 활성화되니 이 사람에게서는 엔젤만 증후군이 나타납니다. 창수가 바로 이 경우에 해당됩니다.

창수를 도와줄 수 있는 가장 좋은 치료법은 아빠에게서 받은 정상 UBE3A가 발현되게 하는 것입니다. 실제로 2015년 미국

베일러 의대(Baylor College of Medicine)의 연구원들이 이런 기술을 개발해 엔젤만 증후군 증상을 보이는 쥐의 지적 능력을 향상시키는 데 성공했습니다.[11] 물론 이 기술이 엔젤만 증후군의 다른 병세를 호전시킬 수 있는지, 그리고 실제 인간에게 사용되려면 얼마나 걸릴지 알려면 좀 더 많은 연구가 필요합니다.

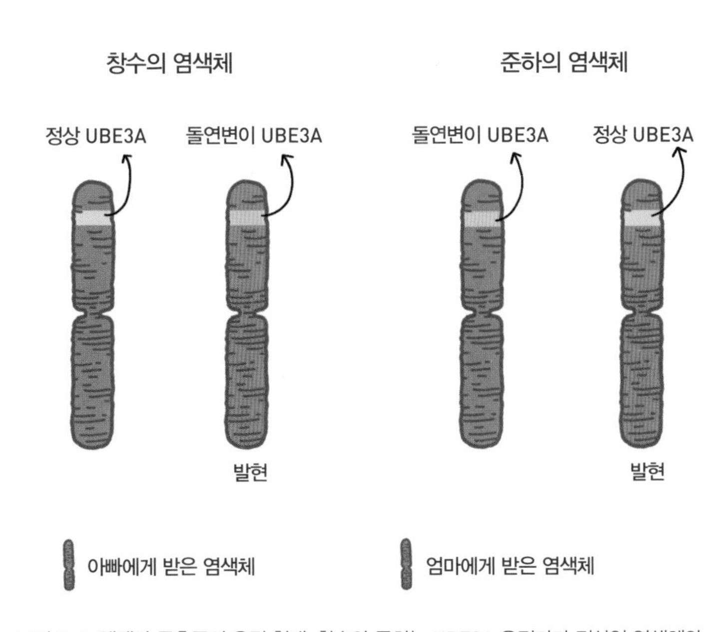

그림 3-4. 엔젤만 증후군의 유전 형태. 창수와 준하는 UBE3A 유전자가 정상인 염색체와 비정상인 염색체를 갖고 있다. 하지만 UBE3A 유전자는 엄마로부터 물려받은 염색체에서만 발현되기 때문에 창수만 엔젤만 증후군을 앓게 된다.

◆ ◆ ◆

단순한 우성과 열성의 힘겨루기에 반기를 든 유전자들, 필요 없으면 단호하게 염색체 하나를 꼬깃꼬깃 구겨 옆으로 치워놓은 세포들, 엄마와 아빠를 명확하게 구분짓는 각인 유전자들. 이 모든 발견들은 멘델의 법칙이 받아들여진 후 약 100년간 과학자들이 이룬 성과입니다. 앞으로 있을 100년 동안에는 또 어떤 발견들이 우리를 놀래킬지, 벌써부터 기대가 됩니다.

새로운 유전 메커니즘의 발견과 더불어 우리에게 빠른 속도로 다가오는 것이 있습니다. 바로 유전자 변형 기술입니다. 어려운 전문 용어와 이해할 수 없는 그림을 들이대며 '희망' 또는 '인류 멸망'이라는 극과 극의 미래를 제시하는 유전자 편집 기술들. 쓰나미처럼 모두 삼켜버릴 듯 다가오는 이들 앞에서 정확하게 알 권리를 외쳐야 하는 주체는 바로 소비자인 우리입니다. 권리에는 책임이 따르는 법이죠. 혜택은 최대로 하되 오용될 가능성을 최소화하는 그 희미한 접점을 찾기 위해서라도 궁금해하고, 더 알아보고, 질문할 '책임'이 우리에게 있지 않을까요?

실험실을 나온 과학 ②

생물학적 부모가 셋이라면?

만혼, 환경 오염, 건강 문제 등의 이유로 난임과 불임을 겪는 부부들이 늘면서 대리모 관련 논쟁이 뜨겁습니다. 2018년 난자를 제공한 사람이 아니라 대리모가 법률상 모친이라는 서울가정법원 판결이 처음 나오기도 했죠. 부부의 행복 추구권과 생식권을 존중해 다양한 형태의 출산을 허용해야 한다는 입장과 윤리적인 문제를 걱정하는 입장이 엇갈리는 혼란스러운 상황입니다.

이런 상황에서 생물학적 부모가 셋이라면 어떤 일이 벌어질까요? "사실 네 엄마는 바로 나"라며 갑자기 '급'전개되는 드라마 이야기를 하는 게 아닙니다. 아주 먼 미래에 유전자 조작으로 태어난 아기를 미리 걱정하려는 것도 아닙니다. 불과 몇 년 전인 2016년에 멕시코에서 생물학적으로 부모가 셋인 아기가 이미 태어났거든요. 여기서 부모가 셋이라는 것은 서로 다른 세 명이 유전자를 물려줬다는 뜻입니다.

언뜻 보면 잘 이해가 되지 않을 수 있는데요. 우리가 유전 물질이라고 하면 세포핵 속 DNA만 떠올리기 때문입니다. 하지만 사실 여기 말고도 인간 세포 안에서 유전자가 발견되는 곳이 또 있습니다. 바로 미토콘드리아라는 세포 소기관입니다. 미토콘드리아는 세포에서 에너지를 만들어내는 역할을 하는데, 하나의 세포 안에 여러 개가 있습니다.

비록 세포핵 속 염색체만큼은 아니지만 이 미토콘드리아에도 유전자가 있습니다(그림 3-5 참조). 그중 몇몇은 미토콘드리아의 기능에 아주 중요한 역할을 합니다. 따라서 이 유전자들에 돌연변이가 생기면 미토콘드리아의 기능이 저하될 수 있습니다. 그로 인해 세포가 충분한 에너지를 만들어내지 못하면 개체는 결국 사망하게 됩니다.

특이하게도 미토콘드리아 유전자는 항상 엄마로부터 물려받습니다. 앞서 2강에서도 설명했듯 수정란이 가진 염색체의 반은 정자, 나머지 반은 난자에서 온 것이지만 수정란에 담긴 세포 소기관을 비롯해 여러 물질들이 모두 난자에서 옵니다. 즉, 우리는 엄마의 미토콘드리아를, 그리고 그 안의 유전자를 그대로 물려받는다는 말입니다. 그러니 엄마의 미토콘드리아 유전자에 생긴 돌연변이는 자식에게 전해집니다.

멕시코에서 태어난 '세 부모' 아기는 미토콘드리아 유전자의 돌연변이 때문에 자녀를 가질 수 없는 한 엄마가 선택한 길이었습니다. 이 엄마는 원인 모를 유산만 4번에, 8개월짜리 아이와 6살 난 아이를 모두 리 증후군(Leigh syndrome)으로 잃었습니다. 리 증후군은 돌연변이 미토콘드리아가 전체 미토콘드리아의 60~70퍼센트를 차지하면 발병합니다.[12] 이 엄마의 경우 돌연변이 미토콘드

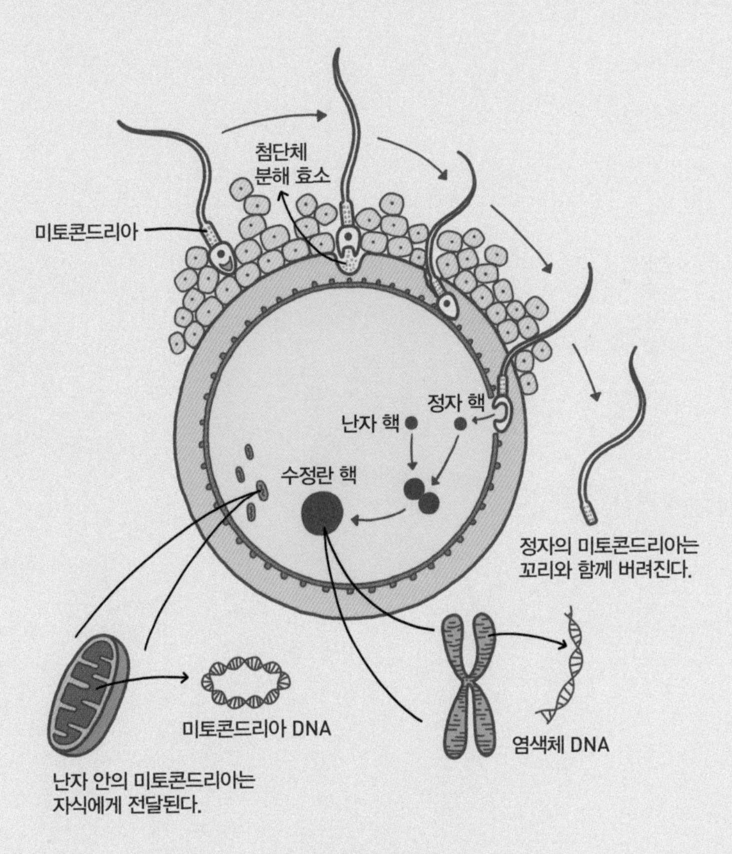

그림 3-5. 핵 속 염색체의 DNA와 미토콘드리아 DNA 비교.

리아의 수가 적어 정작 자신은 리 증후군을 앓고 있지 않았지만 아이들이 그렇지 않아 리 증후군으로 사망했습니다.

물론 돌연변이 미토콘드리아가 리 증후군의 원인이라면 제일 좋은 치료법은 난자에서 돌연변이 미토콘드리아를 골라내 제거하는 것입니다. 하지만 이 일은 결코 쉽지 않습니다. 난자에는 10만 개가 넘는 미토콘드리아가 있다고 알려져 있습니다.[13] 그것들을 모두, 세포에 아무런 피해를 주지 않고 없앨 뾰족한 수가 없습니다.

그래서 차선책으로 과학자들이 생각해낸 것이 일명 '세 부모 기술(three-parent-baby technique)'입니다. 멕시코 새 희망 출산 센터(New Hope Fertility Center)의 존 장(John J. Zhang) 박사팀은 먼저 건강한 여성으로부터 난자를 제공받아 핵을 제거한 후 엄마의 염색체를 그 안에 넣었습니다. 그리고 이 난자를 체외에서 수정을 시킨 후 엄마의 자궁에 착상시켰습니다. 그로부터 37주 후, 건강한 남자아이가 태어났습니다.[14]

두 여성의 난자를 조합해 만든 난자와 남성의 정자가 결합해 태어난 이 남자아이의 생물학적인 부모는 셋입니다. 그래서 이 기술을 '세 부모' 기술이라고 부르는 건데요. 이 성공 소식은 미토콘드리아 관련 유전병으로 출산을 포기했던 부모들에게 가뭄에 단비처럼 들릴 것입니다. 하지만 아직 기술적 안전성은 완벽하지 않습니다. 실제로 위의 연구에서 핵을 옮기다가 유전적 결함이 있는 엄마의 미토콘드리아가 일부 옮겨졌거든요. 아이가 가진 돌연변이 미토콘드리아는 전체의 약 5퍼센트에 불과하지만 훗날 이것이 문제가 될지는 더 지켜봐야 합니다.

4강

가까운 듯 먼
그대 이름은 줄기세포

평소 과학에 별 관심이 없는 사람이라도 줄기세포(stem cell)라는 말은 한번쯤 들어봤을 것입니다. 알파고와 이세돌의 대국이 인공 지능에 대한 인식을 높였던 것처럼, 줄기세포를 세간에 널리 알리게 된 사건이 있었기 때문인데요. 바로 2005년 전 세계를 떠들썩하게 한 황우석 박사의 줄기세포 논문 조작 사건입니다.(이 사건은 〈제보자〉(2014년)라는 영화로 재조명되기도 했죠.) 뿐만 아니라 전직 대통령이 미용을 목적으로 불법 줄기세포 시술을 받았다는 의혹이 제기되면서 줄기세포가 다시 한 번 주목을 받기도 했습니다.

그러다 보니 줄기세포에 대한 대중의 인식이 그리 좋아 보이지는 않습니다. 아무래도 조작, 적폐 같은 말과 맞물리면서 부정적인 이미지가 입혀진 측면이 있겠죠. 게다가 사람들이 새로운 세포를 만들어내는 줄기세포의 능력에서 치료, 회복, 재생 등을 떠올리니까 회사들이 줄기세포를 자극적인 제품 홍보 문구로 광범위하게 사용하기도 합니다.(한 포털 검색창에 '줄기세포'를 치면 '줄기세포 가슴 성형'이 관련 검색어로 뜰 정도입니다.)

이런 상황이다 보니 정작 줄기세포가 어떤 세포인지 대부분이 잘 모릅니다. 뭔가를 치료하는 데 쓴다던데 혹은 생물 복제 실험에 필요하다던데 정도로 막연하게 생각만 하고 있을 뿐이죠. 물론 줄기세포를 잘 몰라도 생명에 지장은 없습니다. 다만 앞으로 줄기세포 연구가 질병에 대한 이해, 약을 만들어내는 방식, 더 나아가 생명의 정의까지 바꿀 것임은 명확합니다.

그렇다고 일반인이 혼자 공부해 줄기세포에 대해 알아보기란 결코 쉽지 않습니다. 도대체 무슨 '줄기'라는 것인지 용어부터 낯선 데다, 활발하게 연구되는 분야다 보니 하나를 배웠다 싶으면 또 다른 개념이 튀어나오기 일쑤죠. 그렇다고 두꺼운 생물학 전공 서적을 읽을 엄두는 나지 않을 것입니다.

그래서 알짜배기만 쏙쏙 골라봤습니다. 우리가 줄기세포에 대해 꼭 알아둬야 하는 이야기, 시작해보겠습니다.

줄기세포, 어디까지 알고 있니

줄기세포라는 말이 과학 논문에 처음 등장한 때는 1868년입니다. 독일의 과학자 에른스트 헤켈(Ernst Haeckel)이 진화에 대해 설명하면서 모든 생물의 조상이 되는 단세포 생물을 가리키는 독일어 'Stammzelle'을 창안했는데 이걸 영어로 바꾼 것이 'stem cell', 즉 줄기세포라는 용어의 시작이었습니다.[1] 'stem'을 사전에서 찾아보면 '초목의 잎이나 열매가 달린 대' 외에 '유래하다, 기원하다'라는 뜻이 있는데요. 이를 토대로 '줄기세포란 몸을 구성하는 모든 세포가 유래된 세포'라고 이해할 수 있습니다.

우리 인간은 200여 종 이상의 세포 수십조 개로 구성돼 있습니다. 손만 보더라도 겉에 보이는 피부 세포, 손가락의 형상을 유지시켜주는 뼈세포, 쥐었다 폈다 할 수 있게 하는 근육 세포, 종이에 베이면 쓰라리다는 것을 알게 해주는 신경 세포 등이 있습니다. 이 세포들은 세포 분열을 해서 자신과 똑같은 세포를 만들어낼 수는 있지만, 피부 세포가 뼈세포를 만들거나 근육 세포가 신경 세포를 만들 수는 없습니다.

하지만 줄기세포는 다릅니다. 줄기세포는 자신과 똑같은 줄기세포를 만들기도 하지만, 더불어 우리 몸을 구성하는 여러 세포가 되기도 합니다. 다시 말해 근육 세포가 필요하다면 근육 세포가, 피부 세포가 필요하다면 피부 세포가, 신경 세포가 필요하다면 신경 세포가 된다는 이야기입니다. 이렇게 줄기세포가 어떤 특정 세포가 되는 과정을 과학자들은 '분화(differentiation)'라고 합니다.

줄기세포의 분화 능력이 발견되면서 불치병 치료 연구에도 청신호가 켜졌습니다. 이론상으로는 줄기세포를 가져다가 잘 길러 우리가 원하는 세포로 변하게 한 후 손상된 세포 자리에 딱 심어주면 걷지 못하던 사람이 걷고, 앞을 못 보는 사람이 앞을 보게 됩니다. 마치 자동차의 부품을 갈아 끼우듯 손상된 세포를 건강한 세포로 대체할 수 있다면 그보다 더 효과적인 치료법이 어디 있을까요?

그런데 줄기세포라고 해도 다 같은 줄기세포가 아닙니다. 다양한 세포가 될 수 있는 능력을 과학 용어로 '발달 잠재력(developmental potential)'이라 하는데요. 예를 들어 피부 세포, 근육 세포, 뼈세포 등은 이미 특정 세포로 분화되어 다른 세포가 될 수 없기 때문에 발달 잠재력이 0이라 할 수 있습니다. 반면, 줄기세포처럼 다른 세포가 될 수 있는 세포라면 발달 잠재력의 크기에 따라 다음과 같이 등급을 매길 수 있습니다.

가장 높은 등급은 전능성(totipotency)입니다. '전지전능하신 하나님'이라 할 때 쓰는 바로 그 전능입니다. 예를 들어 정자와 난자가 만나 생긴 수정란이 전능성을 지닌 세포입니다. 수정란은 태아를 구성하는 모든 세포를 만들어낼 뿐만 아니라 태아를 이루지 않는 조직(예를 들어 태아와 모체를 이어주는 태반, 양수가 들어갈 양막 등)도 만들어냅니다.

전능성보다 한 단계 아래 등급은 만능성 또는 전분화성(pluripotency)이라 합니다. 만능성을 가진 세포들은 태아를 구성하는 세포만 만들 수 있고, 태반과 같은 태아 밖의 세포들은 만들 수 없습니다. 수정 후 약 5일 정도 지난 포배기 배아는 여기 'i'의 꼭대기에 있는 점보다도 작은데, 이 안의 세포 중 일부가 바로 만능성을 갖고 있습니다.

만능성보다 한 단계 아래는 다능성(multipotency)입니다. 우리 몸을 구성하는 200여 가지 세포 중 어떤 것이든 될 수 있는 만능성과는 달리, 다능성을 가진 세포는 같은 '계열'에 속하는 세포만 만들 수 있습니다. 예를 들어 신경 세포, 성상 교세포와 같이 신경계를 이루는 다양한 세포들이 될 수는 있는 신경 줄기세포나 적혈구, 백혈구 등 다양한 혈액 세포가 될 수 있는 조혈 모세포 등이 다능성을 지닌 것들입니다.

세포의 발달 잠재력은 사람의 일생에 비유할 수 있습니다. 프

로게이머가 되고 싶기도 하고 교사가 되고 싶기도 한 꿈 많은 어린이가 사춘기와 대학 입시를 거쳐 한 분야의 전문가로 성장하는 것처럼 배아 세포들도 처음에는 전능성을 가졌다가 다음에는 만능성을 갖고, 곧 만능성조차 잃고 점점 특정 세포가 돼갑니다.

그럼 우리가 흔히 듣는 '배아' 줄기세포(Embryonic stem cell, ESC)는 어떤 세포를 일컫는 것일까요? 배아 줄기세포는 배아로부터 만능성 세포를 꺼내 실험실에서 배양해 만든 세포입니다. 1998년 미국 위스콘신 대학교의 발생학자 제임스 톰슨(James Thomson)이 인간 배아의 만능성 세포를 실험실에서도 키울 수 있는 적절한 조건을 알아낸 이후부터 배아 줄기세포를 연구할 수 있는 길이 열렸는데요.[2] 하지만 그 과정에서 만능성 세포를 채취하는 데 사용된 배아는 더 이상 하나의 개체로 자랄 수 없어 발달을 멈추게 됩니다. 그래서 줄기세포 얻겠다고 배아를 파괴하는 행위는 사실상 살해 아니냐는 비판이 있습니다.

배아 줄기세포와 더불어 '성체' 줄기세포라는 말도 들어봤을 것입니다. 성체 줄기세포는 이미 배아 발달을 완료한 개체에 존재하는 다능성 세포를 일컫습니다. 'adult stem cell'이란 용어 때문에 다 큰 어른(adult)에서만 존재하는 세포라고 사람들이 오해하기도 하는데요. 여기서 성체란 배아 발달을 완전히 마친 몸을 말하는 것으로 어른뿐 아니라 어린 개체도 포함하는 개념이

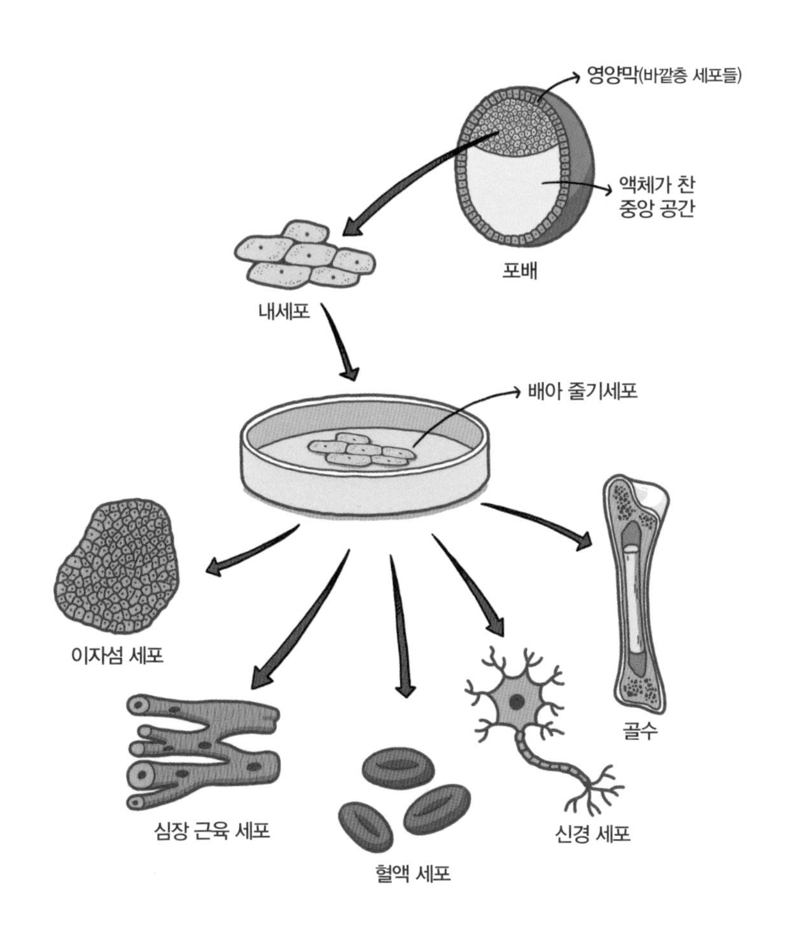

그림 4-1. 배아 줄기세포의 생성 방법과 그 활용처. 배아 줄기세포의 출처는 바로 포배기 배아에 있는 내세포들이다. 이 세포들을 추출해 실험실에서 배양한 세포를 배아 줄기세포라고 한다. 배아 줄기세포는 우리 몸의 그 어떤 세포로도 분화할 수 있는 높은 발달 잠재력을 갖고 있다.

랍니다.(이런 혼란을 피하기 위해 최근에는 체세포 줄기세포라고도 부릅니다.)

개구리가 남긴 위대한 유산

배아 줄기세포를 불치병 치료에 쓰기 위해서는 병을 앓고 있는 환자와 똑같은 유전 물질을 가진 배아가 필요합니다. 아무 배아나 가져다가 줄기세포를 배양해 환자에게 이식하면 유전 물질이 달라서 거부 반응이 나타날 수 있기 때문이죠.

그렇다면 방법은 하나, 바로 환자와 유전적으로 똑같은 인간 배아를 만들면 됩니다. 인간 복제 배아라니, 영화나 소설에서만 가능한 이야기라고요? 아닙니다. 이미 이 기술은 2013년 과학 저널 《셀》에 발표된 것입니다.[3]

인간을 비롯한 동물 복제에 쓰는 기술이 바로 핵 치환입니다. 난자에서 핵을 제거하고 대신 복제하려는 동물의 체세포에 있는 핵을 넣는 기술인데요. 우리 몸의 세포는 이미 피부, 뼈, 신경 세포 등으로 분화된 상태입니다. 이런 세포들의 핵을 난자에 그대로 넣어도 괜찮을까요?

예전 과학자들은 아마 안 된다고 답했을 것입니다. 한때 과학자들은 세포가 분화하는 동안 그 안의 유전 물질들이 사라진다는 가설을 믿었거든요. 뭔 말이냐고요? 예를 들어 처음에 배아 세포는 근육, 신경, 피부 세포가 되는 데에 필요한 유전자를 모두 갖고 있었다 칩시다. 그런데 이 세포가 결국 피부 세포로 분화하면 다른 유전자는 싹 사라지고 피부 세포 관련 유전자만 남게 됩니다.

그런데 이 가설에 영국의 과학자 존 거던(John Gurdon)이 반기를 듭니다. 그러고는 자신의 주장을 증명하기 위해 실험을 하나 설계하죠. 실험 전에 그는 다음과 같이 생각했습니다.

분화 중에 유전자가 없어져버린다면 이미 분화한 세포들은 다른 세포를 만들 능력이 없다. 예를 들어 근육 세포는 분화하는 과정에서 신경 세포와 관련된 유전자를 잃었으니 절대 신경 세포를 만들어낼 수 없다. 그러니 사람들이 믿고 있는 가설이 맞다면 이미 분화한 세포 안에 담긴 유전 물질을 활용해 온전한 개체를 만들 수 없다.

하지만 이 가설이 틀렸다면? 유전자가 사라지는 게 아니라면? 근육 세포에 다른 세포를 만들 수 있는 유전 물질이 모두 들어 있으며 다만 발현되지 않는 것뿐이라면? 그렇다면 근육 세포 안에 있는 유전 물질만으로도 온전한 개체를 만들 수 있지 않을까?

그래서 거던 박사는 이미 분화한 세포를 이용해 개체를 만들기로 합니다. 그는 먼저 수정되지 않은 개구리 난자를 가져다가 안에 있는 난자의 핵을 파괴합니다.(이런 난자를 무핵(無核) 난자라고 합니다.) 그러고는 다른 개구리의 위장 세포에서 핵을 빼내 위의 난자에 삽입합니다. 다시 말하면, 난자의 핵을 분화한 체세포의 핵으로 바꾼 것입니다.(이것을 핵 치환 또는 핵 이식이라 부릅니다.) 이 난자에 살짝 자극을 주면 난자는 마치 수정란처럼 발달하기 시작합니다.

이렇게 거던 박사는 총 726개의 난자에서 성공적으로 핵을 바꿔치기했고, 그중 10개의 난자가 올챙이로 발달하는 것을 목격했습니다.[4] 이로써 분화 중 유전자가 없어진다는 가설은 기각됩니다. 위장 세포의 핵을 가진 난자가 올챙이로 발달했다는 것은 위장 세포가 다른 세포를 만들 수 있는 유전 물질을 여전히 갖고 있음을 의미하기 때문입니다. 그는 혹시나 하는 마음에 물갈퀴 세포의 핵을 가지고도 실험해봤지만 결과는 같았습니다.[5]

결국 세포가 분화하여 특정 기능과 모양을 갖게 되는 것은 유전자들의 발현 정도가 서로 다르기 때문인 것으로 밝혀졌습니다. 즉, 신경 세포든 근육 세포든 모든 세포는 같은 유전자를 갖고 있지만 신경 세포는 신호를 전달하는 데 필요한 유전자들을, 근육 세포는 근육 기능에 필요한 유전자들을 각각 발현시킵니다.

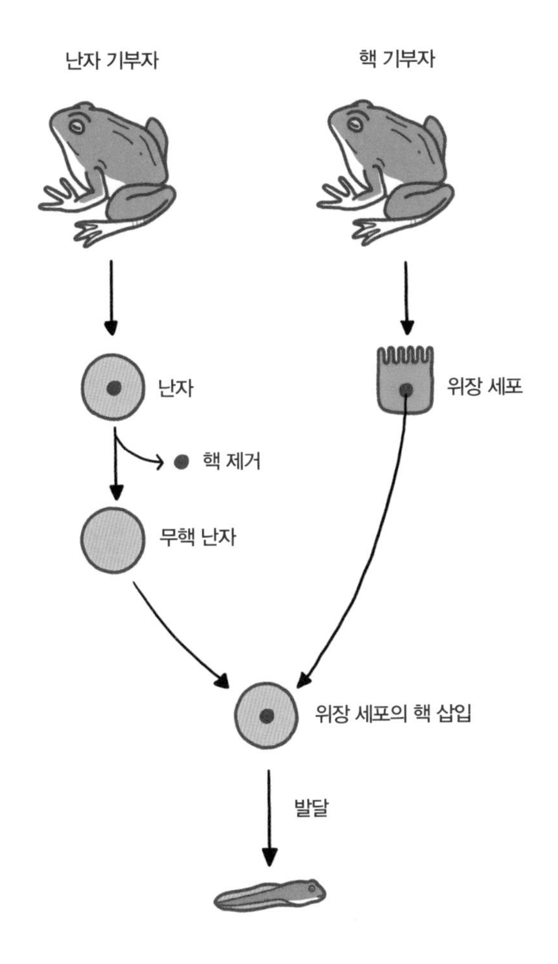

그림 4-2. 개구리를 이용한 핵 치환 실험 과정. 이미 분화한 세포를 분화하기 전의 상태로 되돌리는 실험이다. 개구리의 난자로부터 핵을 제거한 후 위장 세포의 핵을 집어넣어 자극을 주면 난자는 마치 수정란이 된 듯 발달을 시작한다. 이렇게 해서 생성된 개체는 핵 기부자와 똑같은 형질을 갖는다.

거던 박사의 실험은 여러모로 파장이 컸습니다. 무엇보다도 핵 치환을 통해 핵 기부자와 동일한 유전 물질을 갖는 복제 생명체를 만들어낼 수 있다는 것을 처음 보여줬다는 점에서 큰 충격이었죠. 지금 내 피부에서 세포 하나를 떼어내도 생명에는 큰 지장이 없습니다. 이렇게 본체에는 타격을 주지 않으면서 복제 생명체를 만들 수 있음을 거던 박사의 개구리들이 보여준 셈입니다.

거던 박사의 연구가 발표된 때가 1962년. 그의 핵 치환 기술은 50년도 더 되었지만 현재 각종 실험실과 연구소에서 여전히 사용되고 있습니다. 우리가 잘 아는 복제양 돌리(1996년)도 이와 같은 원리로 탄생한 것입니다.[6]

2013년에는 미국 오리건 보건 과학 대학교의 슈크라트 미탈리포프(Shoukhrat Mitalipov) 교수팀이 거던 박사의 기술을 사용해 인간 복제 배아를 만들어내고 거기서 배아 줄기세포를 추출하는 것까지 성공합니다.[7] 손상된 내 몸의 세포를 갈아 끼우기 위해 나와 똑같은 유전자를 가진 배아를 만들고 거기서 세포를 추출해 줄기세포로 배양한 후 내가 원하는 세포로 분화시킬 수 있는 기술이 확립된 것입니다.

그렇다면 우리가 모르는 사이에 길거리에서 복제 인간이 활보하고 있는 것은 아닐까요? 아직까지는 그런 일이 일어날 것

같지 않습니다. 미탈리포프 교수팀은 복제 배아를 단 7일만 배양한 후 폐기했습니다. 연구 지침에 따르면 인간 배아는 수정 후 14일까지만 실험실에서 배양할 수 있거든요. 우리나라를 비롯해 호주, 스웨덴, 영국 등 12개 나라는 이런 내용의 법을 제정해놓았습니다(이와 관련된 자세한 내용은 167쪽 참조).[8]

따라서 미탈리포프 교수의 연구는 인간 배아 복제가 가능하다는 것만 밝혔을 뿐입니다. 실제로 이 배아를 착상시켰을 때 제대로 발달할지에 대해서는 아무도 모르죠. 다만 2018년, 중국에서 탄생한 세계 최초의 복제 원숭이는 인간 복제 배아의 탄생이 결코 불가능하지만은 않다는 것을 예고합니다.[9]

"세포는 어떻게 분화하는가?"라는 질문에 답하기 위해 1950년대 후반에 고안된 동물 복제 실험. 2020년을 바라보는 지금, 우리는 약 5,000만 원에 반려견, 반려묘를 복제해주는 회사를 쉽게 찾을 수 있습니다. 그리고 이제 영장류에 속하는 원숭이까지 복제에 성공했습니다. 우리는 다시 근본적인 질문에 마주칩니다. 치료 목적으로 인간 복제 배아를 만드는 것이 허용되어야 할까요? 사람을 살릴 수도, 인간의 존엄성을 뿌리째 흔들 수도 있는 기술을 규제할 때 기준은 무엇이 되어야 할까요? 아니, 근본적으로 규제가 가능할까요? 기술에는 선과 악이 없고, 과학은 앞으로만 나아갈 뿐 뒷걸음치지 않습니다. 어느 방향으로 나아가야 할지 알려주는 것은 과학 기술이라는 도구를 사용하는 우리의 몫입니다.

대한민국이 열광한 신기루

미탈리포프 교수의 연구팀이 인간 복제 배아를 만들고 거기서 줄기세포 배양까지 성공했다는 소식에서 자연스레 황우석 박사가 떠오릅니다. 지금으로부터 약 15년 전인 2004년, 황우석 박사는 인간 복제 배아에서 배아 줄기세포를 만드는 데 성공했다고 발표해 세계를 깜짝 놀래켰습니다. 하지만 그 논문이 조작된 것으로 밝혀지면서 2006년에 국내에서 인간 복제 배아 줄기세포 연구가 중단되고 맙니다. 2009년이 되어서야 정부가 줄기세포 임상 연구를 승인했을 정도로 그 파장은 어마어마했습니다.

황우석 박사팀은 환자 맞춤 줄기세포를 얻기 위해 환자의 체세포에서 핵을 꺼내 난자에 넣어서 복제 배아를 만들었습니다.(거던 박사가 개구리 복제 때 쓴 방법과 동일합니다.) 그리고 배아를 포배기까지 길러 거기서 만능성 세포를 추출해 줄기세포로 배양했습니다.

2004년 3월 12일, 세계 최초로 인간 복제 배아에서 줄기세포를 만들어낸 황우석 박사의 논문이 세계 3대 과학 저널 중 하나인 《사이언스》에 실립니다. 이듬해에는 환자 맞춤 줄기세포를 만들었다는 논문까지 발표되죠. 전 세계 과학자들은 그의 연구에 주목했고, "과학에는 국경이 없지만 과학자에게는 조국이 있다."는 말과 함께 황우석 박사는 과학자에서 애국자의 반열에 오릅니다. 한국뿐만 아니라 세계적으로 높아지는 그의 위상과 더불어 불치병으로 고통받는 환자들의 희망 역시 커졌습니다.

하지만 영광은 오래 가지 않았습니다. 그의 논문이 발표되고 약 5개월 후, 황우석 박사의 연구에 쓰인 난자가 사실 불법으로 매매된 것이라는 의혹이 제기됩니다. 이런 연구를 진행하려면 무엇보다 젊은 여성으로부터 채취한 '건강한' 난자가 필요합니다. 황우석 박사팀은 논문에서 자발적으로 기증받은 난자를 사용했다고 썼는데요. 조사 결과 실험실에 제공된 난자는 매매된 것이었으며(한국에서 난자 매매가 불법이 된 것이 2005년 초입니다.), 실험실의 여성 연구원 두 명이 난자를 제공했다는 것까지 추가로 알려집니다.

인간 복제 배아 연구실은 질 좋은 난자를 구하는 문제로 골머리를 앓습니다. 특히 다량의 난자를 채취하는 시술에는 각종 위험과 부작용이 따라 윤리적으로 논쟁의 소지가 있습니다. 예를 들어 연구에 쓸 난자를 최대한 많이 확보하려고 난자를 제공하기로 한 여성에게 호르몬 주사를 투여하게 되는데요. 이런 조치가 몸에는 상당한 부담을 줍니다. 뿐만 아니라 난자 공여자는 주사기를 난소에 찔러 난자를 뽑아내는 시술도 받아야 합니다.

윤리적인 문제도 문제지만 황우석 박사를 한순간에 무너뜨린 결정타는 따로 있었습니다. 논문이 조작되었다는 주장에 황우석 박사가 명확한 반박 증거를 제시하지 못한 것인데요. 의혹은 금세 눈덩이처럼 불어나기 시작했습니다.

사실 일반 배아에서 만들어낸 줄기세포와 복제 배아에서 만들어낸 줄기세포를 육안으로 구별할 방법은 없습니다. 둘 다 모두 줄기세포이기에 생긴 것도 똑같고 발현하는 유전자도 똑같기 때문입니다. 그래서 두 줄기세포를 구별하려면 복제 배아를 만들 때 쓰고 남은, 핵을 공여한 세포가 필요합니다. 이 세포와 복제 배아에서 나온 줄기세포의 유전 물질을 비교해 둘이 일치함을 보여주면 됩니다. 하지만 황우석 박사 연구팀은 이에 답할 제대로 된 DNA 분석 자료를 제시하지 못합니다.

결국 《사이언스》의 표지를 당당하게 장식했던 황우석 박사의 논문은 철회되고, 한국인 최초로 노벨상을 수상하리란 기대를 받았던 그는 서울대 교수 자리에서 불명예스럽게 물러납니다. 하지만 황우석 박사의 연구에 희망을 걸었던 많은 환자들은 그에 대한 지지를 쉽게 거두지 못했습니다.(저 역시 전혀 모르는 사람으로부터 황우석 박사의 구명 운동에 서명해달라는 종이를 받기도 했습니다.) 이 모든 것이 외부 세력의 모함이라는 이야기까지 나돌 정도로 전국이 떠들썩했습니다.

신화에서 신기루가 되어버린 복제 배아 줄기세포 연구. '황우석 사건'이 터진 지 10년이 넘은 지금, 대중과 미디어는 이 사건을 과학자 한 사람이 펼친 뻔뻔한 연극으로 기억할지 모릅니다. 무대 위의 그가 거칠게 끌려 나왔으니 쇼는 일단락되었습니다. 하지만 이런 사건을 가능하게끔 한 무대, 곧 연구실 문화와 구조 역시 사라졌을까요?

요즘 어느 논문을 보든 논문의 저자가 다섯 이상인 경우가 많습니다. 그만큼 하나의 과학 연구에 다양한 실험과 전문성이 필요합니다. 이렇게 저자 하나 하나의 전문 분야가 다르다 보니 다른 사람이 제시한 한 실험 결과를 무턱대고 믿을 때도 있습니다. 성과 위주의 문화 때문에 다른 연구팀에 질세라 서두르다 미처 확인하지 못한 부분들이 그대로 논문에 게재되기도 합니다.

이뿐만이 아닙니다. 아무리 엉뚱한 생각이라도 나름의 근거를 제시하며 활발한 토론이 이뤄져야 할 실험실이지만 선후배 간 엄격한 상하 관계는 연구의 근본이 되는 창의성과 자율성을 짓밟습니다. 무엇보다 연구자들의 리더십, 의사소통, 소명 의식과 직업 윤리를 강화하고 이를 제대로 검증하는 시스템이 미흡합니다. 이런 상황에서 때로 연구실 수장으로서는 함량 미달인 사람이 연구의 미래와 연구원들의 운명을 좌우합니다.

의혹이 제기되었을 때 '아니다', '몰랐다'는 말로 덮어버리지 않고 처음부터 과학 연구의 이런 생리를 대중에게 설명하는 한편, 연구실 내의 소통과 문화에 대해 다시 한 번 세세하게 되짚어보았다면 어땠을까요? 언론이 분위기에 휩쓸린 보도를 하기보다 전문가와 일반인 사이에서 다리 역할을 제대로 수행했다면 상황은 달라졌을까요? 황우석 교수가 퇴장한 그 무대 위, 다른 누군가가 자의 반 타의 반에 의해 올라서는 일이 다시는 없을 것이라고 우리는 장담할 수 있을까요?

꿈의 줄기세포가 등장하다

한국에서는 황우석 박사의 논문 조작 사건이 줄기세포 연구에 제동을 걸었다면 미국에서는 윤리 문제가 찬물을 끼얹었습니다. 배아에서 만능성을 가진 세포를 채취하게 되면[10] 배아는 더 이상 정상적으로 발달할 수 없다고 언급한 바 있는데요. 사람마다 생명의 시작을 언제로 보느냐에 대한 시각이 다양할 테지만, 수정된 순간부터 생명으로 보는 사람들은 약 5일 된 배아로부터 세포를 꺼내 결국 배아를 죽게 만드는 행위가 생명 윤리에 어긋난다고 주장합니다. 이런 이유로 미국의 조지 부시(George W. Bush) 대통령은 새로운 인간 배아 줄기세포를 만드는 데에 연방 자금을 쓰지 못하게 제한했습니다. 그러다 보니 하나의 실험실에서 줄기세포 연구 프로젝트와는 시약이나 실험 도구, 심지어 연필 하나도 공유하지 못하는 웃지 못할 해프닝이 발생하기도 했습니다. 배아 줄기세포 연구에 쓸 난자를 채취하는 문제도 계속 논란이 되었고요.

이런 문제를 말끔하게 해결할 새로운 줄기세포가 일본 교토대학교의 야마나카 신야(山中 伸弥) 박사의 손에서 탄생하게 됩니다. 야마나카 교수는 발달 잠재력 0인 일반 세포를 갖고 줄기세포를 만들어내는 데 성공하는데요. 그 줄기세포를 유도 만능 줄기세포 또는 역분화 줄기세포(induced pluripotent stem cell, iPSC)라고 부릅니다.

실제 실험은 훨씬 어렵지만 내용 자체는 간단합니다. 배아 줄기세포가 자신의 만능성을 유지하기 위해 반복해서 읽어내는 유전자들이 있습니다. 야마나카 박사는 그중 4개를 골라 이미 분화한 일반 세포에 넣었습니다. 그랬더니 일반 세포는 생김새가 줄기세포와 유사하게 변했을 뿐 아니라 만능성도 새롭게 획득했습니다. 유전자 몇 개를 잠깐 발현시켜 일반 세포를 줄기세포로 '유도'한 것입니다.

야마나카 교수는 논문을 발표하기 전 한 학회에 참석해 이 실험 계획에 대해 이야기했다고 합니다. 하지만 당시만 해도 저명한 연구자들이 모두 코웃음을 쳤습니다. 단지 유전자 몇 개를 조작하는 것만으로 발달 잠재력이 회복된다는 그의 말이 황당무계하게 들렸으니까요. 게다가 배아 줄기세포에서 발현되는 유전자만 100개가 넘는데 고작 4개의 유전자로 이 일이 가능할 줄은 누구도 예상하지 못했습니다.

유도 만능 줄기세포는 인간 복제 배아를 만드는 데 드는 수고를 획기적으로 덜었습니다. 무엇보다 줄기세포를 얻기 위해 수많은 난자와 수정란을 희생할 일이 없어졌죠. 이제 환자의 피부 세포로부터 유도 만능 줄기세포를 얻고 우리가 원하는 세포로 분화시킬 수 있게 되었습니다. 손상된 세포를 건강한 새 세포로 대체하는 방법에 대해 연구하는 사람들에게 유도 만능 줄기세포는 그야말로 '꿈의 세포'입니다.

유도 만능 줄기세포는 병의 원인을 찾는 데도 큰 도움이 됩니다. 그 예로 지난 2015년에 발표된 미국 예일 대학교의 플로라 바카리노(Flora Vaccarino) 교수팀 논문을 소개하려 합니다.[11] 이

팀의 연구 주제는 자폐증이었습니다. 그때까지는 자폐증의 원인이 뇌의 발달 과정 중에 생긴 이상이라는 것만 알려져 있었을 뿐, 정확히 발달 중 어느 단계에서 어떤 문제 때문에 자폐증에 걸리는지는 몰랐습니다. 그 원인을 찾자고 인간 배아의 뇌를 열어 살펴볼 수도 없는 노릇이니 연구하는 입장에서는 답답한 상황이었죠.

'뇌가 어떻게 발달하는지, 그리고 자폐증 환자의 뇌가 발달하는 과정은 정상인과 어떻게 다른지 직접 두 눈으로 볼 수 있다면 병의 원인도 찾아내기 쉬울 텐데.' 하고 고민하던 바카리노 교수는 유도 만능 줄기세포에서 그 해결책을 찾았습니다. 연구팀은 먼저 자폐증이 있는 아이의 가족을 모집했습니다. 그러고는 자폐아와 이 자폐아의 정상 아빠로부터 각각 피부 세포를 떼어내 유도 만능 줄기세포로 만든 다음 이것을 다시 대뇌로 분화시켰습니다. 자폐아의 유도 만능 줄기세포와 정상 아빠의 유도 만능 줄기세포가 실험실에서 대뇌로 발달하는 과정을 지켜보면서 연구팀은 둘 사이에 어떤 차이점이 있는지 관찰했습니다.

연구팀은 이 실험을 통해 자폐아의 경우 몇몇 특정 유전자가 더 많이 발현되고, 그로 인해 뇌 발달 과정에서 신경 전달을 억제하는 뇌세포가 상대적으로 더 많이 생긴다는 것을 밝혀냈습니다. 이 현상만 가지고는 어떻게 자폐증이 일어난다는 것인지 구체적으로 설명할 수는 없습니다. 하지만 이 사례는 앞으로 유도 만능 줄기세포가 병의 진단과 치료에 큰 역할을 할 것임을 보여줍니다.

유도 만능 줄기세포는 신약을 개발하는 데도 아주 유용합니다. 어떤 병에 효능이 있을 법한, 비슷하지만 조금씩 다른 약을 만들어내는 것은 현재 과학 기술로 어렵지 않습니다. 오히려 그 수많은 약들 중 효능이 있는 것을 알아내는 일이 힘들죠. 수백, 수천 개가 넘는 화학 물질을 쥐나 돼지 같은 동물에 일일이 주입해 그 효과를 알아보는 데 돈과 시간, 인력이 너무 많이 소비되거든요.

여기서 유도 만능 줄기세포가 구원 투수로 등장합니다. 예를 들어 어떤 희귀 위장병이 있다고 합시다. 아직까지 이 병에 제대로 드는 약도 딱히 없고요. 이때 환자의 피부 세포를 떼어내 줄기세포로 전환시킨 후 다시 위장 세포로 분화시킵니다. 딱 맞는 조건만 만들어주면 수백, 수천 개의 위장 세포를 만들어내는 것은 어렵지 않죠. 이 세포들을 이미 만들어놓은 여러 화학 물질에 노출시켜보고, 여기서 세포가 반응하는 화학 물질을 추려내 약으로 만들면 환자에게 딱 맞는 약이 완성됩니다.

물론 유도 만능 줄기세포에도 한계는 있습니다. 일단 이미 분화한 세포를 줄기세포로 변화시킬 때 그 성공률이 아주 낮습니다. 유도 만능 줄기세포로 치료할 수 없는 질환들도 있고요. 그럼에도 불구하고 앞으로 유도 만능 줄기세포는 개인 맞춤 의학(individualized medicine), 세포 대체 치료법(cell replacement therapy), 유전자 변형 기술과 함께 의학의 새로운 미래를 이끌 것으로 예상됩니다. 실제로 일본에서는 유도 만능 줄기세포를 망막세포로 분화시켜 환자에 이식하는 시도가 있었으며 2019년 2월에는 척수 신경이 손상된 환자들을 치료하는 데 유도 만능 줄기세포를 사용하는 임상 실험을 허용하기도 했습니다.[12]

◆ ◆ ◆

3년 전 어느 날 퇴근하기 위해 하던 일을 마무리하고 있는데 친한 언니로부터 오랜만에 전화 한 통이 왔습니다. 짧은 안부 인사 후 언니가 제게 한 가지 물어볼 게 있다며 어렵게 입을 떼었습니다. "영은아, 줄기세포 치료의 효능은 어때?" 갑작스럽게 받은 질문에 저는 어리둥절했고, 언니는 자초지종을 설명하기 시작했습니다. 아빠가 얼마 전 파킨슨병 진단을 받았고, 치료법을 백방으로 알아봤는데 한국에서 줄기세포를 가지고 임상 실험을 한다는 소문을 들은 언니는, 아빠를 모시고 한국에 가야 하나 고민하다가 제가 생각나 전화를 했다고 말했습니다.

언니의 이야기가 끝나고 저는 잠시 멍했습니다. 학생들 앞에서 줄기세포에 대해, 또 치료법으로서의 가능성에 대해 줄줄 읊어댈 수는 있었지만 정작 줄기세포 치료법이 제 생활 반경에 들어온 것은 이 대화가 처음이었습니다. 그저 논문의 도표와 연구 방법으로만 존재했던 줄기세포가 누군가에게는 '살 희망'의 동의어가 된다는 것을 새삼 느꼈습니다. 그리고 수화기 너머로 긍정적인 답변을 기대하고 있었을 언니에게 아직 치료 효과를 기대하기에는 이르다고 전하며 전화를 끊었습니다.

무색 무취한 과학 기술에 핑크빛을 두르고 달콤한 향을 더하는 것은 사회이고 대중입니다. 이런 간극은 과학 뉴스를 전하는 미디어의 문구와 실제 논문을 비교해보면 잘 드러납니다. 논문에서 과학자들은 자신의 연구 결과가 어떤 의미를 갖는지에 대해 상당히 조심스럽게 서술합니다. 내가 한 실험은 이러이러한 것을 '증명한다'고 외치는 대신 '제안한다' 또는 '암시한다'라는 말을 쓰지요. 이렇게 실험 결과가 의미하는 바를 확대 해석하지 않게끔 하는 훈련은 학부 1학년 수업에서부터 시작됩니다.

과학적 사실은 수많은 과학자들이 서로의 연구 결과를 엄격히 점검하고 다르게 실험해보고 토론하는 과정을 거쳐 확립됩니다. 과학 연구의 주제는 정교한 자연의 이치이지만 과학 연구를 하는 주체는 실수도 많고 욕심도 많은 인간이기 때문입니다.

하지만 과학자들만 조심한다고 해서 과학의 엉뚱한 해석, 과장된 포장이 없어지는 것은 아닙니다. 과학을 먹거리 수단으로만 보는 정부의 정책, 대중의 주의를 끌기 위해 근거 없는 미래를 만들어내는 미디어에 의해 과학은 영웅이 되기도, 역적이 되기도 합니다. 인공 지능, 개인 유전체 분석 등을 통해 과학 기술은 우리 생활에 더욱 깊숙이 들어올 것입니다. 과학 지식의 올바른 생산에 대한 관심이 더욱 필요한 이유입니다.

5강

여기 세포 리필 부탁해요

이론이 얼마나 거창한지는 별로 중요하지 않다. 이론을 제시한 자가 얼마나 똑똑한지도 중요하지 않다. 만약 실험 결과와 일치하지 않는다면 그 이론은 틀린 것이다. - 리처드 파인만(미국 물리학자)

손흥민 선수에게는 축구장이, 피아니스트 조성진에게는 무대가 있다면 과학자들에게는 실험실이 있습니다. 그런데 일반적으로 과학 실험이라고 하면 뭔가 만지면 안 될 것 같은 시약들이 즐비하게 놓여 있고, 두꺼운 안경을 낀 과학자들이 바삐 움직이고, 치열하게 생각하는 소리마저 들릴 듯한 삭막한 실험실을 먼저 떠올리고는 합니다.

하지만 과학자들, 특히 발생학자들이 하는 실제 실험들은 꼬마들이 옹기종기 모여 앉아 노는 것과 별반 다르지 않습니다. 그림책을 색칠하듯, 배아 안에서 어떤 유전자가 어디서 발현되는지 알기 위해 배아를 알록달록하게 물들이기도 하고, 병원 놀이를 하는 것처럼 주사에 DNA를 가득 채워 배아에 찔러넣기도 합니다. 찰흙을 반죽해 붙였다가 떼었다가 하는 것처럼 하나의 배아에서 조직을 떼어다가 다른 배아에 붙여 발달하는 모양새를 관찰하기도 하죠. 발생학은 단순히 배아를 현미경으로 지켜보기만 하는 것이 아니라 배아가 어떻게 발달하는지 적극적으로 묻고 탐구하는 학문입니다.

이번 장은 배아 안 세포의 분화 과정을 연구하는 데 쓰는 실험 방법에서 시작해 배아 밖 실험실에서 장기를 만들어내려는 과학자들의 노력으로 끝납니다. 그 여정을 따라오다 보면 과학자들이 익숙한 것에 궁금증을 품고 새로운 지식을 만들어내는 모습이 생생하게 그려질 것입니다. 과학을 움직이는 것은 한 인간의 천재성보다 매일같이 실험실을 지키는 수많은 과학자들의 사소한 질문과 끝없는 호기심, 그리고 진실을 갈망하는 무한한 열정입니다.

세포에도 족보가 있다

막장 드라마의 단골 소재 중 하나가 바로 출생의 비밀입니다. 괴롭혔던 며느리가 알고 보니 자기의 딸이라든가, 원수처럼 여겨 복수하려는 비열한 사람이 알고 보니 내 아버지라든가 하는 이야기 말입니다. 달라진 점이라면 예전에는 흥신소 등에 의뢰를 했던 데 반해 요즘은 머리카락 등을 갖고 유전자 검사를 하더군요.

대상이 사람에서 세포로 바뀌었을 뿐 발생학자들도 이와 비슷한 일을 합니다. 그들은 세포의 엄마, 그 엄마의 엄마, 이렇게 계보를 쫓아 세포가 어떤 경로를 통해 지금의 모습으로 분화했는지 알아내는 데 관심이 많습니다. 사실 확인에서 그치는 것이 아니라, 예를 들어 같은 세포에서 나온 두 세포가 하나는 신경 세포가 되고 다른 하나는 피부 세포가 되는 이유까지 연구합니다.

그렇다면 왜 발생학자들은 세포의 출처를 밝히려 노력하는 것일까요? 단순히 호기심을 해소하기 위해서가 아닙니다. 세포의 족보는 새로운 치료법을 만드는 데 아주 유용하게 쓰입니다. 예를 들어 교통사고로 인해 신경 세포가 절단되어 반신불수가 된 환자가 있다고 합시다. 이때 세포 족보를 알면 유도 만능 줄기세포를 내가 원하는 신경 세포로 분화시킬 수 있습니다.

그럼 과학자들은 과연 어떤 방법으로 세포의 족보를 그려낼까요? 가장 먼저 인지 가능한 표식을 다는 것을 생각해볼 수 있습니다. 관심 있는 배아 세포에 특정 표시를 하고 시간이 조금 지난 후에 어떤 세포가 이 표시를 갖고 있는지를 찾아내면 됩니다.

예전에는 과학자들이 관심 있는 배아 세포에 물감을 주입했습니다. 그렇게 하면 모세포가 분열한 후에도 딸세포에 물감이 남아 있기 때문에 특정 세포가 어떤 세포들로 분화했는지를 확인할 수 있었거든요. 하지만 이 방법에는 치명적인 단점이 하나 있었으니, 세포가 분열할수록 물감이 점차 옅어져 나중에는 염색된 세포를 찾아내기 힘들다는 것이었습니다.

그래서 과학자들은 메추라기 배아 세포를 닭의 배아에 이식하는 방법을 생각해냈습니다. 메추라기의 배아와 닭의 배아가 발달하는 방식은 매우 비슷해서, 메추라기 배아 세포는 닭의 배아에 이식되어도 거부 반응 없이 정상적으로 발달합니다. 그러면서도 메추라기의 세포와 닭의 세포는 쉽게 구별이 가능합니다. 따라서 이식 후 나중에 병아리가 부화하면 메추라기 배아 세포가 어떤 기관으로 발달했는지 확인할 수 있습니다. 하지만 이 방법은 메추라기와 닭처럼 거부 반응이 거의 없는 개체 사이에서만 제한적으로 적용할 수 있다는 한계가 있습니다.

요즘에는 배아 세포가 어떤 세포로 발달하는지 찾아내는 데 유전자 조작이 사용됩니다. 예를 들어 초록색 형광 단백질 유전자를 갖는 쥐 배아를 만듭니다. 그리고 연구자가 원하는 특정 세포에서 이 유전자가 발현되게끔 합니다. 그러면 이 세포가 10개, 100개, 1,000개로 분열해도 모두 초록색으로 빛나기 때문에 쉽게 찾을 수 있습니다. 물감과 달리 흐릿해질 염려도 없고요.

그렇다면 발달 중인 배아의 세포가 아닌 다 자란 성체의 세포에 이런 표시를 해보면 어떨까요? 성체 세포 대부분은 이미 분화한 세포들이기에 그 딸세포, 손녀세포는 모두 표시를 한 세포와 같은 종류에 속합니다. 예를 들어 성체의 피부 세포에서 형광 단백질 유전자를 발현시키면 빛나는 것은 피부 세포들 뿐, 간 세포나 근육 세포인 경우는 없다는 말입니다.

그런데 여기서 예외인 세포가 있습니다. 바로 성체 줄기세포입니다.

내 안의 줄기세포

하루 24시간 동안 우리 몸에서는 약 1.44그램의 피부 세포가 떨어져나가고[1] (평생으로 치면 약 43킬로그램이나 되는 어마어마한 양입니다.) 혈액 속에서 산소를 운반하는 적혈구들은 고작 4개월 정도밖에 살지 못합니다.[2] 그런데도 우리가 아무 문제 없이 생활할 수 있는 이유는 바로 제거된 세포들이 새로운 세포들로 채워지기 때문입니다. 여기서 한 기관에 속한 여러 종류의 세포들을 끊임없이 만들어내는 성체 줄기세포가 무대 위로 등장합니다.

4장에서 다룬 배아 줄기세포처럼 성체 줄기세포 역시 세포 분열을 통해 새로운 성체 줄기세포를 만들어내거나, 특정 기능을 하는 다양한 세포로 분화를 합니다. 다만 분화할 수 있는 세포의 종류 면에서 둘의 차이가 있습니다. 배아 줄기세포의 경우 우리 몸의 모든 세포들을 만들어낼 수 있는 반면, 성체 줄기세포는 같은 계열에 속하는 세포만 만들 수 있습니다. 예를 들어 신경 줄기세포는 신경 세포, 성상 교세포와 같이 신경계를 이루는 세포로만 분화할 수 있지 피부 세포나 근육 세포로 분화하지는 못합니다.

성체 줄기세포는 피부, 창자, 신경, 근육 등 우리 몸 곳곳에서 볼 수 있습니다. 이들의 가장 큰 역할은 유실되거나 손상된 세포를 대체할 새로운 세포를 만드는 것입니다. 털 한 오라기 없는 벌거숭이 쥐에 정상 쥐의 모공 줄기세포를 이식했더니 보송보송 털이 날 정도로[3] 성체 줄기세포의 재생 능력은 뛰어납니다.

이런 성체 줄기세포를 활용한 치료법 중 잘 알려진 것이 바로 골수 이식입니다. 골수는 뼈 안의 부드러운 조직인데, 골수 안에는 아직 분화하지 않은 조혈 모세포들이 존재합니다. 이들은 장차 백혈구, 적혈구, 혈소판 등 혈액 세포가 될 능력을 가진 줄기세포입니다. 그래서 혈액암의 일종인 백혈병이나 재생 불량성 빈혈 같은 희귀 질환에 걸린 사람들은 골수 이식을 통해 정상 조혈 모세포를 받아야 근본적으로 치료될 수 있습니다. 또 그 수는 적지만 신경 줄기세포를 이식해 신경계 기능을 회복시키고 파킨슨병, 알츠하이머병 등의 뇌 질환을 치료하려는 시도도 계속 있었습니다. 2018년에는 신경 줄기세포를 이용한 만성 척추 손상 치료의 첫 임상 시험 결과가 발표되기도 했죠.[4]

그런데 성체 줄기세포라도 다 같은 세포가 아니라는 사실이 최근 새롭게 알려졌습니다. 활발하게 새로운 세포를 만들어내는 애들이 있는가 하면 주변 세포들이 손상되든 사라지든 아랑곳하지 않고 거의 활동을 하지 않는 애들도 있었던 것입니다. 과학자들은 이렇게 세포 분열을 하지 않거나 매우 느리게 분열하는 세포를 '잠자는(quiescent) 세포'라고 부릅니다.

왜 우리 몸은 분열 속도가 다른 두 종류의 성체 줄기세포를 모두 갖고 있을까요? 과학자들은 잠자는 세포가 만약을 대비해 비축된 것이라고 추론하고 있습니다. 즉, 새로운 세포를 만들어내는 것은 부지런한 줄기세포가 담당하되, 이들이 수명을 다하거나 훼손돼 제 기능을 잃으면 마침내 잠자던 줄기세포가 깨어나 뒤를 잇는다는 가설입니다.[5] 성체 줄기세포의 막중한 역할을 인지하고 나중을 위해 '쟁여놓은' 우리 몸의 지혜라 할 수 있겠네요.

암이 재발하는 이유는?

통계청에 따르면 2017년 기준 한국인의 사망 원인 1위는 바로 '암'입니다. 수치로 보면 사망자 3명 중 1명은 암에 걸려 죽는 셈인데요. 수술이나 약물 치료를 통해 완치 판정을 받았음에도 재발하는 경우도 많아 한 번 암을 겪었던 사람들은 평생 불안 속에서 살아갑니다. 오죽하면 암세포를 한 번도 본 적이 없는 제 친구가 "뭔지 몰라도 분명 괴물처럼 생겼을 거야!"라고 말하며 눈살을 찌푸릴까요.

암을 유발하는 요인들을 분석해 해결책을 도출하는 데 막대한 자금과 많은 연구 인력이 투입되고 있습니다만 아직까지 만족할 만한 성과는 나오지 않았습니다. 결핵, 콜레라, 천연두 등 수많은 질병들을 정복해온 인간이지만 지금의 첨단 과학으로도 아직 암이라는 숙제를 해결하지 못한 셈입니다. 왜 암은 이토록 치료가 어려울까요?

그림 5-1을 한 번 보겠습니다. 이 사진은 전립선에 생긴 암 종양의 단면입니다. 신기하게도 한 사람의 동일한 암 조직에서 채취한 암세포들인데 각각 모양도 다르고 발현되는 유전자도 다릅니다.[6] 이처럼 암세포가 여러 종류면 하나의 치료법으로 이 종양을 완전히 없애는 데는 한계가 있을 수밖에 없습니다.

암 조직을 이루는 세포들이 다양한 이유는 암 줄기세포 가설로 답할 수 있습니다. 여러 세포로 분화할 수 있는 줄기세포처럼, 암 줄기세포 역시 서로 다른 암세포로 분화한다는 가설입니다.

이 가설은 암 재발의 원인도 설명해줍니다. 현재 항암 치료의 성공 여부는 암세포의 수가 얼마나 줄었느냐에 따라 결정됩니다. 그런데 암세포를 아무리 많이 없애도 암 줄기세포가 버젓이 살아 있다면 항암 치료 이후에도 새로운 암세포가 만들어질 수 있고, 이로 인해 암이 재발할 수 있습니다.

1937년, 암 줄기세포의 존재 가능성을 처음으로 제시한 연구는 혈액암 중 하나인 백혈병과 관련된 것이었습니다.[7] 연구자들은 백혈병에 걸린 쥐로부터 암세포 하나를 꺼내 다른 건강한 쥐에 이식한 후 이 쥐가 백혈병 증상을 보이는지 관찰했습니다. 그 결과는 놀라웠습니다. 단순히 암세포 하나를 이식했을 뿐인데 97마리의 쥐 중 5마리가 백혈병에 걸렸습니다.

이와 같은 결과는 혈액암에만 해당하는 것이 아니었습니다.

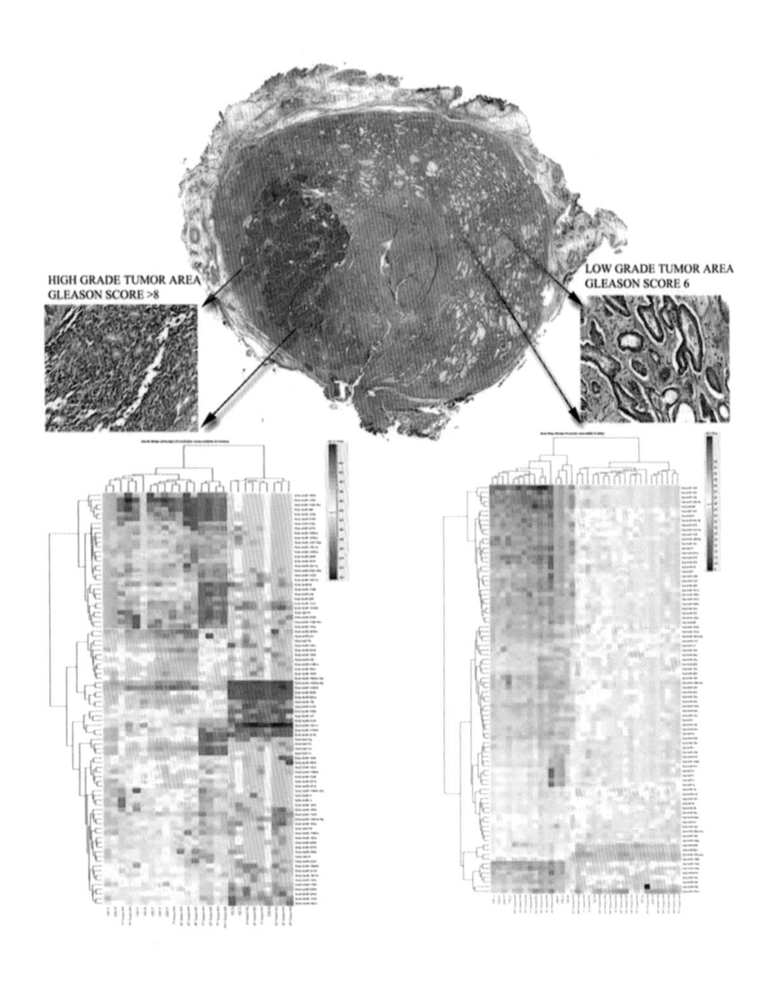

그림 5-1. 하나의 암 종양, 두 종류의 암세포. 하나의 암 조직에서 발견되었다고 해서 그 안의 암세포가 모두 같은 것은 아니다. 세포의 모양뿐만 아니라 발현하는 유전자도 다를 수 있다.(아래의 도표에서 각 줄은 유전자를 의미하고, 파란색과 빨간색은 각각 발현 정도가 낮거나 높음을 의미한다.)

2003년 미국 미시간 대학교의 마이클 클라크(Michael F. Clarke) 교수는 유방암 환자 9명으로부터 암 조직을 떼어다가 유전자 CD24를 발현하는 세포와 그렇지 않은 세포를 나눠 각각을 쥐에 이식했습니다.[8] 그랬더니 CD24 미발현 암세포를 받은 쥐는 암에 걸렸습니다. 이때 필요한 세포의 수는 100개였습니다. 반면, CD24 발현 암세포는 쥐에 아무리 많이 이식을 해도 암 조직을 생성하지 않았습니다. 이 연구 논문을 필두로 뇌종양[9], 대장암[10] 등에서 특정 유전자를 발현하는 암세포를 채취해 쥐에 이식한 후 암 발생 여부를 관찰한 논문들이 발표되었습니다.

이렇게 암 줄기세포라는 개념이 점점 확립되는 중에도 몇몇 과학자들은 암 줄기세포의 존재 여부에 합당한 의심을 제기했습니다. 그들은 특정 암세포가 다른 개체에 이식되었을 때 암을 일으킨다는 사실은 암 줄기세포의 존재를 입증하는 것이 아니라 그저 암세포가 예전과는 다른 환경에서도 성공적으로 자랄 수 있다는 것을 보여준다고 주장했습니다.

이 주장을 반박하려면 이식하는 것 외의 방법으로 암 줄기세포가 존재한다는 것을 증명해 보여야 합니다. 하지만 당시에는 다른 실험 방법이 없었기에 암 줄기세포의 존재를 지지하는 연구자들조차 확실하게 반박할 수 없었죠. 이런 상황에서 2018년 8월에 세 편의 논문이 등장합니다. 이 논문들은 암 줄기세포로 추정되는 세포들이 나중에 암 조직을 이룬다는 것을 보였습니다. 이로써 암 줄기세포의 존재는 조금 더 확실해졌죠.

암 줄기세포의 존재는 항암 치료의 새로운 방향을 제시했습니다. 재발의 원인이 정말 암 줄기세포라면 항암 치료 시 이 세포들을 확실히 없애는 것이 중요합니다. 따라서 암 줄기세포를 목표로 하는 여러 항암 치료법이 연구되고 있는데요.[11] 예를 들어 암 줄기세포가 더 이상 줄기세포로 남아 있지 않고 분화하게끔 유도한 뒤에 일반 항암 치료를 통해 이들 세포를 죽이는 것 등이 있습니다.

간이 정말 배 밖으로 나올 수 있을까?

장기의 크기가 어떻게 결정되는지 궁금했던 호주의 과학자 도널드 멧커프(Donald Metcalf)는 1960년대 초 쥐를 이용해 재미있는 실험을 합니다. 태어난 지 갓 하루 된 쥐 6마리의 목에서 흉선을 추출한 뒤, 이 6개의 흉선 모두를 태어난 지 3달 된 쥐의 가슴과 배 사이에 이식했습니다. 한 달이 지나자, 이식된 흉선 6개는 모두 일반 쥐의 흉선 크기만큼 자랐습니다.[12] 그런데 같은 실험을 비장(지라)을 가지고 하니 아주 다른 결과가 나왔습니다. 똑같은 방식으로 이식된 비장이 원래 비장의 6분의 1 크기로 자란 것입니다.[13] 이게 어찌된 일일까요?

흉선의 크기는 흉선을 이루는 세포 내부에서 이미 정해져 있습니다. 따라서 몸에 몇 개의 흉선이 있는지와 상관없이 흉선 하나하나가 자기가 자라야 할 만큼 자랍니다. 반면 비장의 크기는 특정 값이 정해진 것이 아니라 환경에 따라 바뀝니다. 6개의 비장이 이식되면 비장 하나하나가 이 사실을 인지하고 모두 합쳐 하나의 비장을 만들기 위해 6분의 1 크기로 자랍니다.

흉선처럼 장기의 크기가 고유한 값으로 정해진 또 하나의 예로 참고할 만한 것이 미국 오즈번 동물학 연구소(Osborn zoological laboratory)의 과학자들이 1931년에 발표한 실험입니다.[14] 우선 과학자들은 서로 다른 크기의 도롱뇽을 준비했습니다. 그러고는 발달 과정 중에 있는 큰 도롱뇽에서 다리를 떼어내 작은 도롱뇽의 몸통에 이식했습니다. 이렇게 하면 일반적으로 이식된 다리가 도롱뇽의 크기에 맞춰 작게 자랄 것이라고 예상하기 마련인데요. 실험 결과 작은 도롱뇽에게 어울리지 않는 큰 다리가 자라났습니다. 반대로 작은 도롱뇽에서 다리를 떼어내 큰 도롱뇽에 이식해도 그 다리는 원래 주인의 크기에 맞춰 작게 자랐습니다.

그렇다면 비장처럼 크기가 달라지는 장기는 또 뭐가 있을까요? 대표적인 것이 간입니다. 과학자들은 두 쥐의 피부를 조금 벗겨내고 서로 맞닿게 한 후 꼬맸습니다.(이렇게 하면 연결 부위에 있는 작은 혈관들이 이어져 두 쥐는 피를 공유하게 됩니다.) 과학자들은 이렇게 쥐 A와 B를 붙여놓고 쥐 A의 간을 30퍼센트 잘라냈습니다.[15]

다행히 간은 스스로 재생이 가능한 기관이라 시간이 지나면 원래 크기로 돌아올 것입니다. 여기서 놀라운 점은 30퍼센트를 도려낸 쥐 A의 간뿐 아니라 멀쩡한 쥐 B의 간도 함께 자란 것입니다. 쥐 A의 간을 85퍼센트나 잘라내면 쥐 B의 간도 같이 자라 정상 크기의 6~7배가 되었습니다. 과학자들은 쥐 A의 간 재생을 돕는 물질이 혈류를 통해 쥐 B에 전달되었기 때문이라고 결론을 내렸습니다.

일부는 유전자에 적혀 있는 공식에 따라, 일부는 주변 환경에 따라, 장기들이 크기를 조절하는 방식은 그 기능과 모양이 다른 만큼 제각각입니다. 그럼 장기를 몸 밖에서 발달시키면 어떻게 될까요? 소설이나 영화에서나 나올 법한 이야기라고요? 배아 안에서 자라는 장기가 아닌, 실험실 한 켠에 위치한 적막한 인큐베이터 안에서 꿈틀꿈틀 발달하는 장기의 모습은 더 이상 상상 속 이야기가 아닙니다.

장기를 쇼핑하는 시대?

어느 날 학생 하나가 이메일을 보내왔습니다. "교수님, 사람의 몸이 아니라 실험실에서 뇌를 발달시킬 수 있다는데 그게 정말이에요?"라는 짧은 문장과 함께 첨부 파일이 하나 있더군요. 실험실 배지 위에 뇌가 버젓이 얹혀 있는 삽화였습니다(그림 5-2 참조). 죽은 사람의 뇌가 병에 담겨 박물관에 진열되어 있는 것은 본 적 있어도 이렇게 실험실에서 뇌를 키운다니, 제 학생이 놀랄 만도 합니다. 얼른 인터넷에서 사진 하나를 찾아 답장을 보냈습니다. "이게 실제 사진이야. 뇌라고 하기에는 조금 작지?"

사실 우리 몸속 장기를 실험실에서 배양하려는 과학자들의 노력은 오래전에 시작되었지만 2010년 초에 이르러서야 이쪽 연구가 본격적으로 활기를 띠게 됩니다. 이렇게 몸 밖에서 발달하는 장기를 오가노이드(organoid)라고 합니다. 현재 과학자들은 뇌, 소장, 폐, 간 등 우리 몸속에 있는 거의 모든 장기의 오가노이드 버전을 만들어낼 수 있습니다.[16]

물론 장기를 만드는 일은 결코 쉽지 않습니다. 장기 하나하나는 고유의 복잡한 모양을 하고 있습니다. 그리고 그 안에는 여러 종류의 세포가 있는데 이들은 무작위로 모여 있는 것이 아니라 나름의 규칙과 배치에 따라 촘촘히 연결되어 있습니다. 서로 다

그림 5-2. 상상(위)과 현실(아래)의 차이. 뇌 오가노이드(화살표)는 실제 우리 몸의 뇌와 비교하면 아주 작지만 그 구조나 발생 방법은 실제의 뇌의 그것과 크게 다르지 않다.

른 세포들을 따로 만들어 퍼즐 맞추듯 하나하나 연결시켜 알맞은 크기의 장기를 만드는 것은 거의 불가능하죠. 그래서 찾은 방법이 줄기세포를 이용하는 것이었습니다.

2009년, 줄기세포 연구의 대가 중 한 명인 한스 클레버스(Hans Clevers) 박사는 생쥐의 소장 줄기세포를 실험실 배지에서 배양해봤습니다. 일반 세포들은 이렇게 하면 막 분열하며 용기 바닥에 넓게 펴집니다. 그런데 소장 줄기세포는 뭔가 달랐습니다.[17] 언뜻 보기에는 세포들이 무작위로 덩어리를 이룬 것 같았지만 자세히 살펴보니 실제 소장과 비슷한 구조물이 만들어진 것입니다. 오가노이드 연구는 이렇게 시작됐습니다.

제가 답장을 보낸 지 며칠 안 되어 학생이 다시 이메일을 보내왔습니다. "이렇게 작은데 만들어서 뭐에 쓴대요?" 이 학생의 실망도 이해가 갑니다. 이건 뭐 소인국의 난쟁이에게도 못 줄 정도로 작아도 너무 작으니까요. 뿐만 아니라 몸속의 장기와 똑같은 형태나 구조를 완벽하게 갖춘 것도 아닙니다. 오가노이드가 실제 장기를 대체해 이식 등에 사용되려면 앞으로 더 많은 시간과 노력이 필요하겠죠.

하지만 이식하기에는 아직 멀었다고 해서 오가노이드가 쓸모없는 것은 아닙니다. 오가노이드는 발생학에서 더할 나위 없이 좋은 연구 재료입니다. 그동안 배아 발달 중 장기의 형성 과정을 살펴보는 데 닭이나 쥐 같은 동물의 배아를 주로 썼는데요. 하나 둘도 아닌 수많은 배아를 죽여야 하는 데다 닭이나 쥐의 장기가 인간의 장기와 차이가 있어 관찰 결과를 그대로 인간에게 적용하기 어렵다는 문제가 있었습니다. 오가노이드는 여기에 확실한 해결책을 제공해줍니다. 몸 속 배아를 들여다보는 대신 투명한 실험 배지에서 오가노이드를 현미경으로 관찰하면 되니까 생명도 살리고 과학자들의 수고로움도 덜 수 있습니다.

◆ ◆ ◆

동물의 배아를 관찰하면서 시작된 발생학은 1880년이 되어서야 배아가 '어떻게' 발달하는지에 대해 질문을 던지기 시작했습니다.[18] 그로부터 100년이 지난 1980년, 유전학을 비롯한 여러 생물 분야의 발전과 맞물리며 과거에는 생각지도 못했을 발생학 연구들, 예를 들어 둥근 배아에 어떻게 머리와 꼬리가 생기는지, 배아가 온전히 발달하는 데 필요한 물질이 무엇인지 묻는 연구들이 꽃을 피웠습니다.

2020년을 바라보는 지금, 발생학자의 실험실은 정량 실험을 가능하게 하는 첨단 실험 기구들과 빅데이터를 분석할 수 있는 각종 컴퓨터 프로그램들, 유전자 변형 기술과 3D 세포 배양 기술로 가득 차 있습니다. 과거 개구리나 닭과 같은 생물들에 국한되었던 연구는 줄기세포, 오가노이드를 사용하면서 인간의 발달과 질병을 이해하는 데 기여하고 있습니다. 또 암세포와 배아 세포의 공통점이 밝혀지면서 발생학 연구가 의과학에도 영향을 미치고 있습니다.

배아의 발달 과정을 조용히 지켜보는 연구에서 나아가 이제는 배아의 발달 과정을 실험실에서 구현해내는 발생학. 발생학 연구의 범위와 우리에게 미칠 영향은 줄기세포의 그 무한한 가능성과 많이 닮아 있습니다.

실험실을 나온 과학 ③

있다? 없다? 그것이 문제로다

과학적 지식은 물레 위에서 우아하게 빚어진 도자기보다 모난 돌이 이리 치이고 저리 치여 매끈하게 깎인 둥근 돌에 더 가깝습니다. 하버드 대학교의 과학사 교수인 나오미 오레스케스(Naomi Oreskes)는 2014년 테드(TED) 강연에서 "과학적 지식이란 과학 전문가들의 합의이다."라고 말하기도 했습니다. 과학자들은 합리적인 의심 그리고 확실한 증거를 바탕으로 과학적 지식을 부인하기도, 인정하기도, 새로운 시선을 더하기도 합니다. 이렇게 서로 다른 연구 결과를 바탕으로 한 과학자들의 열띤 토론을 볼 수 있는 사례 중 하나가 바로 난소 줄기세포입니다.

여자는 일정한 수의 예비 난자를 갖고 태어나며 그 난자를 모두 사용하고 나면 폐경을 맞이합니다. 그런데 2004년, 하버드 대학교의 조너선 틸리(Jonathan L. Tilly) 박사가 쥐 성체에서 새로운 난자를 만들어낼 수 있는 난소 줄기세포를 발견했다는 논문을 《네이처》에 발표합니다.[19] 이 발견이 사실이라면 난소 줄기세포를 건강하게 유지하는 방법을 개발해서 질병이나 노화로 인해 난자의 수와 질이 떨어지는 것을 막을 수 있기에 많은 사람들이 그의 논문에 주목했습니다.

틸리 박사팀이 난소 줄기세포를 찾아 나선 계기는 바로 수학적 계산에 있었습니다. 암컷 쥐의 난소를 관찰해보니 생각보다 너무 많은 수의 미성숙 난자들이 죽어서 분해되고 있었는데요. 이대로 가면 실제 생식 기간은 일반적으로 알려진 기간보다 훨씬 짧아야 합니다. 그런데 신기하게도 성체에 남아 있는 미성숙 난자의 수를 세어보면 죽어버리는 미성숙 난자의 수를 고려했을 때보다 그 수가 많았습니다. 예를 들어 100개의 미성숙 난자가 있는데 80개가 죽으면 20개가 남아 있는 것이 정상이지만 실제로는 50개가 남아 있던 것이죠. 이 의아한 현상을 어떻게 설명할 수 있을까요? 연구팀은 새로운 난자가 만들어졌다는 것, 다시 말해 난자를 만들어내는 세포가 성체에 존재한다는 것을 의미한다고 생각했습니다.

하지만 이 간단해 보이는 수식에 반박하는 과학자들이 있었습니다. 그들은 쥐의 난소를 가지고 실험을 하는 과정에서 실험 환경 때문에 실제보다 더 많은 난자가 죽어버린다고 주장했습니다.[20] 게다가 미성숙 난자를 세는 방법이 실험실마다 제각각이라 그 수치를 믿기 어렵다는 이야기도 나왔습니다.[21]

동료 과학자들의 의심에도 불구하고 틸리 박사팀은 2012년 쥐

뿐만 아니라 인간의 난소에서도 난소 줄기세포가 존재한다는 논문을 발표했습니다.[22] 그런데 같은 해에 스웨덴 예테보리 대학교의 쿠이 리우(Kui Liu) 박사팀이 반박 논문을 발표합니다.[23] 앞서 틸리 박사팀은 표면에 DDX4라는 단백질을 가진 난소 줄기세포를 채취해서 이 세포들이 세포 분열을 하는 것을 보였습니다. 한편 리우 박사팀은 조금 다른 방법으로 DDX4 단백질을 만들어내는 세포들을 관찰했는데 이 연구에서는 세포들이 분열하지 않고 가만히 있었습니다. 오랫동안 난소 줄기세포를 연구해온 틸리 박사팀은 "리우 박사팀이 관찰한 세포들은 줄기세포가 아니라 단지 DDX4를 발현하는 난자였을 뿐이어서 세포 분열을 관찰하지 못한 것"이라고 답했습니다.[24]

난소 줄기세포의 발견 방법에 대한 기술적인 문제가 논란을 야기하면서 난소 줄기세포의 존재 여부는 다시 미궁으로 빠져들었습니다. 이후, 여러 실험실이 난소 줄기세포 연구에 뛰어들었고, 줄기세포처럼 세포 분열을 하고, 난자를 만들기 위한 감수 분열을 할 수 있는 세포들이 난소에 존재한다는 것을 보였습니다.[25] 하지만 여전히 이들이 난소 줄기세포인지는 아직 모릅니다. 난소 줄기세포라면 정자와 수정을 해서 정상 배아를 발달시키는 난자를 만들어낼 수 있어야 하는데 아직 이런 기능이 확인되지 않았기 때문입니다. 이제까지의 연구로는 "난소 줄기세포처럼 보인다." 정도의 결론을 내릴 수 있을 뿐입니다.

그렇다면 여기서 질문 하나. 만약에 난소 줄기세포가 정말 존재한다면 왜 여성은 폐경을 겪는 것일까요? 여기에는 여러 의견이 있는데요. 그중 하나는 나이가 들수록 난소 줄기세포가 점점 그 기능을 잃어서 난자를 만들어내지 못한다는 것입니다. 다른 하나는 바로 난소 줄기세포가 아닌 그 주변 세포들이 나이가 들기 때문이라는 것입니다. 성체 줄기세포가 제 기능을 하는 데 그 이웃 세포가 큰 영향을 미칩니다. 예를 들어 이웃 세포를 제거하면 성체 줄기세포가 더 이상 줄기세포로 남지 못하고 분화해버리기도 합니다. 그래서 몇몇 과학자들은 난소 줄기세포는 성체의 나이와 상관없이 여전히 난자를 만들어낼 능력을 갖고 있지만 오히려 그 주변 세포가 노화로 인해 제 기능을 못하게 되어 난소 줄기세포가 더 이상 난자를 만들어내지 못하는 것이라 보기도 합니다.[26]

과학적 사실이라는 표시가 붙으면 많은 사람들이 당연히 맞는 말이겠지 하고 맹목적으로 믿는 경우가 많습니다. 하지만 과학적 사실은 진리가 아닌, 과학자들이 여러 방법으로 도출해낸 실험 결과를 통해 서로 합의한 의견에 불과합니다. 이런 과학의 특성이 불만족스러울 수도 있습니다

하지만 다른 시각에서 보면 이것이 과학의 매력이기도 합니다. 이미 오랫동안 믿어온 사실이라고 해도, 기라성 같은 선배들이 확

립해 놓은 이론이라 해도, 그에 대해 얼마든지 새로운 질문을 던지고 자유롭게 의견을 개진할 수 있습니다. 서로의 아이디어가 부딪히고, 합리적인 반박이 오가며 좀 더 정확한 연구가 설계되는 곳. 열린 마음이 가장 큰 덕목 중 하나인 곳. 바로 과학을 하는 곳입니다.

6강

생애 가장 중요한 시간

누구나 한 번쯤은 미술 시간에 찰흙으로 사람을 만들어본 적이 있을 것입니다. 이 '찰흙 인간'이 제대로 서려면 나무젓가락이나 철사로 뼈대를 만들고 나서 찰흙을 붙여야 하는데요. 처음에 구도를 잘못 잡거나 뼈대를 제대로 세우지 못하거나 덩어리를 적절하게 붙이지 않으면, 머리가 뚝 떨어지거나 짝다리를 한 듯 몸통이 기울어지기도 합니다.

전체적으로 조화를 이루지 못하고 결국 무너져내렸던 조소 작품을 떠올려보면 우리 몸의 구조와 패턴을 결정하는 일이 얼마나 중요한지 굳이 강조하지 않아도 충분히 알 수 있습니다. 놀랍게도 이 일의 시작은 수정 후 한 달 중에, 즉 모체가 채 임신인

줄도 모를 때 이뤄집니다. 그동안 세포들은 서로 붙었다 떨어졌다 하고, 바깥 환경으로부터 영향을 받기도 하고, 옆 세포 일에 간섭하기도 하면서 분주한 날들을 보냅니다. 그렇게 하나의 세포는 하나의 인간이 될 준비를 합니다.

자리가 사람을 만든다

나팔관에서 정자와 난자가 만나 수정이 이뤄지면, 이 수정란은 착상을 위해 자궁 쪽으로 조금씩 이동합니다. 그동안 수정란은 세포 하나에서 세포 2개가 되고, 2개가 다시 4개가 되고, 또 8개가 되는 식으로 분열을 반복합니다(53쪽 그림 2-4 참조).

그런데 초기 배아의 세포 분열은 조금 특별합니다. 일반적으로 세포가 분열하면 딸세포는 분열 전 모세포만 한 크기로 자랍니다. 반면 초기 배아에서는 세포가 자랄 시간 없이 분열하기 때문에 크기가 점점 작아집니다. 케이크 크기는 한정돼 있는데 계속 자르면 조각 하나하나의 크기는 작아지는 것처럼 말입니다. 따라서 세포 수가 늘어나도 배아 전체의 크기는 일정하게 유지됩니다.

그렇게 분열에 분열을 거듭한 배아는 아주 작은 알갱이들이 다닥다닥 붙은 블랙베리와 비슷한 모양을 하고 있는데요.(그래서 이 시기 배아를 뽕나무 열매에 빗대어 오디배라고도 합니다.) 수정 후 5일이 지나면 배아 안에 빈 공간이 생기고 액체가 채워집니다. 이때 배아 세포들은 중요한 갈림길에 놓입니다. 첫 번째 길을 선택하면 우리 몸의 모든 기관과 조직을 만들어내는 세포(내세포 덩어리, inner cell mass)가 됩니다. 이게 아닌 두 번째 길을 선택하면 태반, 양막 등 배아 밖 조직을 만드는 세포(영양막, trophoblast)가 됩니다.

훗날 몸을 이룰 세포가 될 것인가 아니면 배아 밖에서 배아의 발달을 돕는 세포가 될 것인가, 이 중요한 갈림길에서 세포의 선택은 그 위치에 따라 달라집니다. 비교적 바깥쪽에 위치한 세포는 외부 환경과 맞닿아 있는 반면, 배아 안쪽의 세포는 오로지 주변 세포와 맞닿아 있습니다. 따라서 바깥쪽 세포는 외부에서 신호를 받아 영양막으로 분화하는 데 필요한 유전자들을 골라 읽습니다.

그 과정에서 Yap 단백질이 중요한 역할을 합니다. 세포를 방에 비유하면 염색체들이 들어 있는 핵은 방 안의 금고라 할 수 있는데요. Yap 단백질은 외부의 신호를 받아 금고를 따고 들어가서 영양막 유전자들을 읽어냅니다.[1] 반면 배아 안쪽 세포들은 다른 세포들에 둘러싸여 있기 때문에 외부 신호를 받을 길이 없습니다. 따라서 Yap 단백질은 오매불망 신호를 기다리며 금고 주위를 맴돌기만 할 뿐 금고 안으로는 들어가지 못합니다. 그 결과 배아 안쪽 세포들은 영양막 세포로 분화하지 않고 대신 우리 몸을 이루는 세포로 발달합니다.

배아 밖의 세포가 될지, 우리 몸을 이루는 세포가 될지 결정을 마쳤으면 이제 배아는 자궁에 착상하기 위해 '부화'할 준비를 합니다. 지금까지 배아는 두터운 막으로 둘러싸여 있었습니다.(난자와 만나기 위해 정자가 열심히 뚫어야 했던, 바로 그 막입니다.) 이제 배아는 알을 깨듯 스스로 이 막에 구멍을 뚫고 밖으로 나와 자궁벽에 착상을 합니다. 그 후 얼마 지나지 않아 배아는 인생에서 가장 중요한 순간을 맞이하게 됩니다.

탄생, 결혼, 죽음보다 더 중요한 순간은?

여러분의 인생에서 가장 중요한 순간은 언제인가요? 탄생? 입학이나 취업처럼 어떤 성취를 이룬 순간? 사랑하는 사람과의 결혼이라고 답할지도 모르겠네요.

그런데 여기 "인생에서 가장 중요한 순간은 탄생도, 결혼도, 죽음도 아니요. 바로 배엽 형성이다."라고 말한 과학자가 있습니다. 그의 이름은 루이스 월퍼트(Lewis Wolpert). 발생학계에서는 모르면 간첩이라고 할 정도로 유명한 사람입니다. 그가 쓴 『발생의 원리(Principles of Development)』라는 책은 현재 많은 발달 생물학 수업에서 교과서로 쓰이고 있습니다. 그나저나 도대체 배엽 형성이 뭐길래 인생에서 탄생, 결혼, 죽음보다 더 중요하다고 말하는 것일까요?

만들어진 지 2주가 지난 배아를 한 번 들여다보겠습니다(그림 6-1 참조). 마치 풍선 2개가 위아래로 붙어 있는 것처럼 보입니다. 위의 풍선 주머니는 훗날 양수가 들어갈 부분입니다. 아래 주머니는 태아의 첫 혈액 세포를 만들어낼 난황으로 발달합니다.

그럼 우리 몸이 될 세포들은 어디서 만들어지는 걸까요? 답은 두 주머니가 맞닿아 있는 경계에 위치한 두 겹의 세포층 중 위쪽에 있는 배반엽 상층입니다. 그리고 이 세포층이 세 겹으로 늘어나는 것이 월퍼트가 말한 '배엽 형성'입니다.

세 겹의 세포층 중 가장 위층을 외배엽이라고 하며 여기 세포들은 피부나 신경 등으로 분화합니다. 한편 맨 아래층은 내배엽이라고 하며 그 세포들은 앞으로 췌장, 간, 위 같은 내장이 될 예정입니다. 그 가운데 층은 중배엽이라 하는데, 그 세포들은 골격, 근육, 혈관으로 발달합니다. 백화점에서 취급하는 다양한 상품들이 무작위로 진열돼 있지 않고, 지하 1층은 식품관, 지상

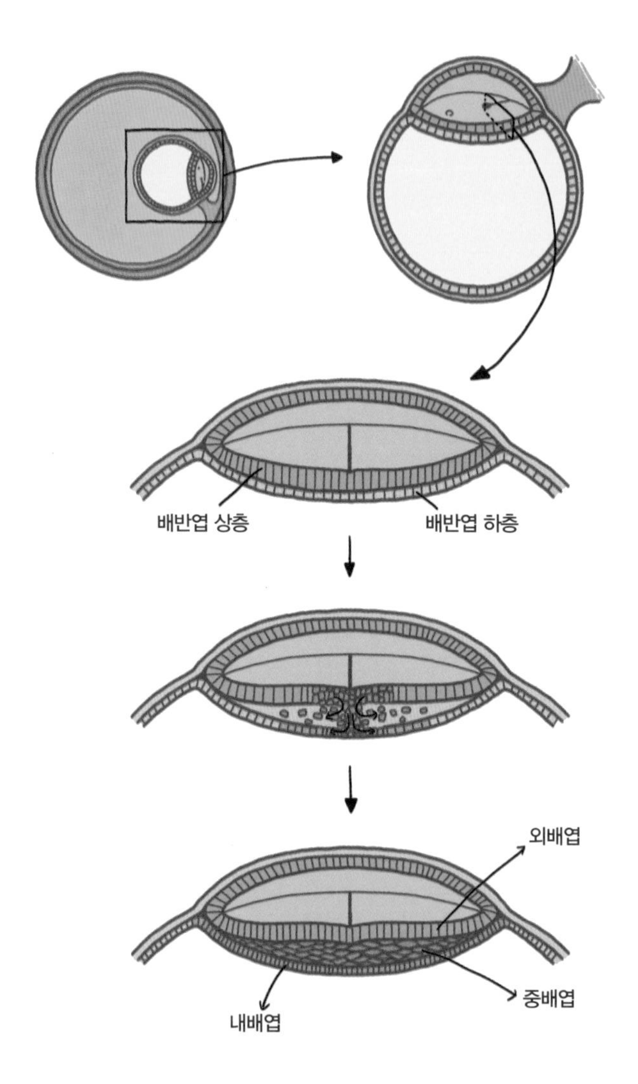

그림 6–1. 배엽 형성 과정. 배반엽 상층의 세포들이 움직여 세 겹의 세포층을 형성한다. 바로 이 세 겹의 세포층이 우리 몸을 이루는 모든 세포를 만든다.

1층은 화장품과 잡화, 2층은 여성 의류와 같이 분야에 따라 배치되어 있는 것과 비슷합니다.

그렇다면 원래 한 겹이던 세포층은 어떻게 세 겹이 될까요? 이 한 겹의 세포층을 자세히 들여다보면 세포들이 서로 떨어져 있지 않고 다닥다닥 밀착되어 있는데요. 세포들 사이에 세포 접착 단백질들이 있어서 가능한 일입니다. 옷이나 신발 등을 여밀 때 자주 쓰는 벨크로테이프(일명 '찍찍이')가 세포를 감싸고 있어 세포들이 서로 붙어 있는 거라고 생각하면 됩니다. 이렇다 보니 이 세포들이 움직이는 게 쉽지가 않습니다.

하지만 신기하게도 수정 후 약 2주가 지나면 이 '찍찍이'가 사라집니다. 그동안 부동 자세로 속박돼 있던 세포들은 이제 서로 떨어져서 활발히 움직일 수 있습니다. 이때 세포들은 배아의 중앙 쪽으로 움직이고 서로 맞물려 아래로 내려가 양옆으로 퍼집니다. 그런 세포들이 원래 있던 층 바로 아래로 가면 중간층이, 더 아래로 내려가면 맨 아래층이 되어 전체적으로 3층 구조가 완성됩니다.

서로 붙어 있어서 움직이지 못하던 세포들이 갑자기 움직이게 되는 이 기작은 암세포의 전이에도 똑같이 적용됩니다. 장기를 이루고 있는 세포가 암세포로 돌변하면 이 '찍찍이'들이 사라집니다. 덕분에 암세포는 자기가 속해 있는 장기에서 벗어나 온

몸으로 이동하게 되는 거죠. 발생학이 의과학과 얼마나 밀접한 관련이 있는지를 잘 보여주는 대목이기도 합니다.

머리부터 발끝까지 줄을 서시오

한 겹의 세포층이 세 겹으로 나뉘고 동시에 배아에서 머리가 될 부분과 엉덩이가 될 부분이 정해지면, 이제 어디에 목을 만들고 어디에 갈비뼈를 만들고, 또 어디에 허리를 만들지 정해야 합니다. 이때 배아는 머리와 엉덩이를 잇는 축에서 세부 조직과 기관의 위치를 어떻게 정할까요? 머리부터 한 뼘 정도 떨어진 곳에서는 팔이 생겨야 하고 더 떨어진 곳에서는 3번 허리뼈가 생겨야 한다며 나름 거리를 재고 있을까요?

머리-엉덩이 축을 따라서 특정한 구조가 발달하는 메커니즘은 초파리 연구에서 처음 발견됐습니다. 과학자들이 초파리들을 관찰하던 중 충격적인 모습의 초파리를 하나 발견한 건데요. 바로 머리 부분에서 안테나 대신 다리가 돋아난 돌연변이였습니다. 사람으로 치면 이마에서 다리가 난 거죠. 몇몇 과학자들이 이 돌연변이를 흥미롭게 생각하고 연구한 결과, 다리를 만들라고 지시하는 유전자인 안테나페디아(Antennapedia)가 엉덩이 쪽에서 발현되지 않고 머리 쪽에서 발현되었기 때문으로 밝혀졌습니다.

안테나페디아처럼 머리-꼬리 축에서 어떤 구조들이 생겨야 하는지 결정하는 유전자들을 혹스(hox) 유전자라고 합니다(그림 6-2 참조). 이 혹스 유전자들은 다른 유전자들과 달리 여러모로 특이한 점을 갖고 있습니다. 먼저 이 유전자들은 여러 개의 염색체 여기저기에 분산되어 있는 것이 아니라 하나의 염색체에 일렬로 모여 있습니다. 초파리의 경우 혹스 유전자가 8개 있는데, 첫 번째 혹스 유전자 다음에 두 번째 혹스 유전자가 있고, 그다음 세 번째 혹스 유전자가 있는 식으로 8개가 전부 3번 염색체에 나란히 존재합니다.

게다가 염색체상 혹스 유전자의 위치는 이들이 영향을 미치는 몸의 부분과 상관관계가 있습니다. 하나의 염색체에 함께 모여 있는 혹스 유전자들을 가장 앞에 있는 유전자부터 끝에 있는 유전자까지 쭉 늘어뜨리면 제일 앞에 위치한 유전자는 머리 부분을, 그다음 유전자는 목 부분을, 그다음 유전자는 가슴 부분을, 그리고 제일 마지막에 위치한 유전자는 꼬리 부분의 구조를 만들어내는 기능을 담당합니다.

혹스 유전자는 초파리 뿐만 아니라 척추동물에도 있습니다. 사람이든, 강아지든, 혹스 유전자가 작동합니다. 따라서 혹스 유

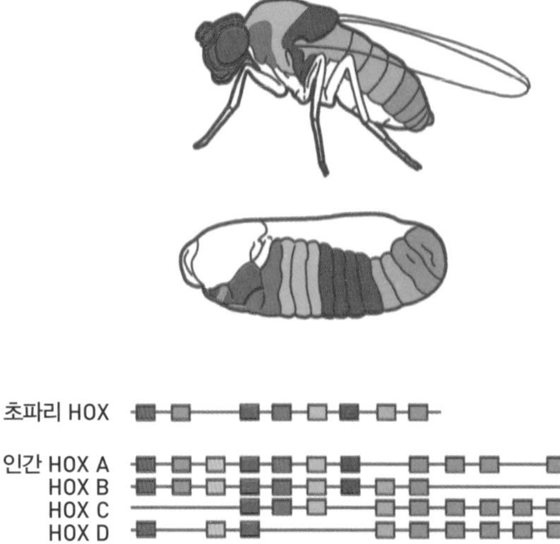

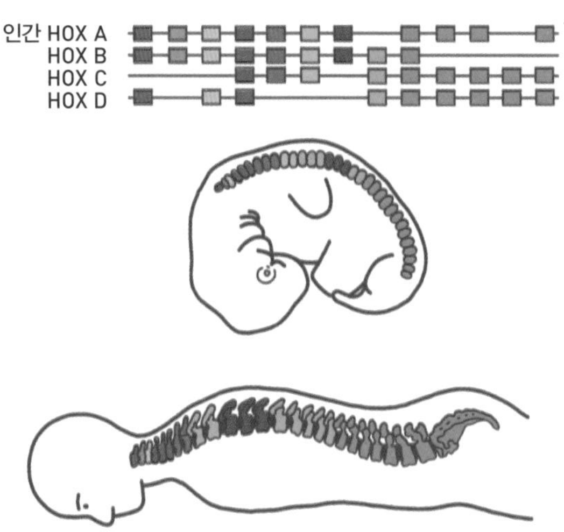

그림 6-2. 몸의 패턴을 형성하는 데 필요한 혹스 유전자. 혹스 유전자는 초파리, 쥐, 사람 등 다양한 종에 존재하며 특이하게도 염색체에서의 위치와 몸에서 역할을 하는 위치가 서로 상등하다. 혹스 유전자가 제대로 발현되지 않거나 엉뚱한 곳에서 발현되면 생겨야 할 구조가 발달하지 않거나 다리가 머리에서 나오는 이상한 일이 발생한다.

전자에 돌연변이가 생기면 우리도 이상한 몸을 갖게 됩니다. 예를 들어 혹스 유전자 중 하나인 HoxD3이 제 기능을 하지 못하면 첫 번째 목뼈가 제대로 형성되지 못하고 대신 바로 위의 두개골과 비슷한 구조로 변해버립니다.[2]

어느 해부용 시체의 미스터리

영국 특유의 우중충한 날씨가 계속되던 1788년의 어느 날, 런던의 한 의대에서는 해부학 수업이 진행 중이었습니다. 긴장 반, 호기심 반으로 실험실에 들어온 학생들은 조를 짜서 시체를 해부하기 시작했습니다. 해부를 시작한 지 20분이 지나고 어제와 달리 시신을 보고 쓰러지거나 토할 것 같다며 실험실을 박차고 나가는 학생 하나 없이 오늘 수업은 무사히 지나가는 듯 했습니다. 그런데 갑자기 한쪽에서 웅성거리는 소리가 들려왔습니다.

"교수님, 장기들 위치가 이상해요. 왜 심장이 오른쪽에 있죠?" 시체를 본 교수 역시 자신의 눈을 믿을 수가 없었습니다. 학생들 말마따나 원래는 중앙에서 왼쪽으로 살짝 치우쳐 있어야 하는 심장이 오른쪽으로 치우쳐 있었습니다. 그 외 장기들도 정상과 비교해서 왼쪽과 오른쪽 위치가 반대였습니다.

겉으로 봤을 때 우리 몸은 좌우 대칭을 이루고 있습니다. 얼굴, 팔, 다리, 몸통 모두 중앙에 선을 하나 그으면 그 선을 기준으로 딱 접을 수 있을 정도로 말입니다. 하지만 우리의 몸속은 왼쪽과 오른쪽이 대칭을 이루고 있지 않습니다. 예를 들어 위와 비장은 왼쪽에 있고, 간은 오른쪽에 위치합니다. 언뜻 보기에는 좌우 대칭으로 보이는 폐 역시 사실 왼쪽 폐는 2개의 폐엽으로, 오른쪽은 3개의 폐엽으로 이뤄져 있습니다. 대장은 오른쪽에서 왼쪽으로 구부러져 있지요.

그런데 앞에서 소개된 해부용 시신처럼 몸속 장기가 정상과 반대로 위치한 경우가 있습니다. 이걸 '좌우 바뀜증(situs inversus)'이라 합니다. 좌우 바뀜증은 좌우 대칭이 정상적이지 않은 경우의 가장 극단적인 사례이지만, 생활하는 데는 큰 지장이 없어서 당사자들도 엑스선을 찍어보지 않고는 잘 모른다고 합니다.[3]

문제는 좌우가 완전히 바뀌지 않을 때 생깁니다.[4] 예를 들어 어떤 장기는 제 위치에 있는데 일부 장기만 좌우가 바뀌는 경우가 있습니다. 좌측에만 있어야 하는 장기가 좌측과 우측 모두에 있고, 대신 우측에 있어야 할 장기는 온데간데 사라진 경우도 있고요. 이런 비정상 좌우 대칭은 좌우 바뀜증과 달리 아주 심각한 문제입니다. 그런 배아는 엄마 배 속에서 발달이 멈춰버리거나

운 좋게 태어나도 바로 수술을 받아야 합니다.

그런데 생각해보면, 최초의 수정란에는 좌우 개념이 존재하지 않습니다. 초기 배아의 경우에도 세포들이 분열에 분열을 거듭하고, 착상을 하고, 마침내 세 겹의 세포층을 형성할 때까지 머리-엉덩이 축은 형성되지만 왼쪽과 오른쪽이 나뉘어 있지 않습니다. 사실 배아에서 어떻게 초기 대칭성이 무너지고 좌우 비대칭이 되는지는 1990년대 후반까지 풀지 못한 수수께끼였습니다.

과학자들은 쥐의 배아를 살펴보던 중 좌우 비대칭이 생기는 최초의 장소를 찾아냈습니다. 세 겹의 세포층이 생기는 시기에 쥐 배아의 아래쪽을 보면 노드(node)라고 불리는 움푹 패인 구조가 있습니다(그림 6-3 참조). 그 안에는 액체가 채워져 있고 바닥에는 가늘고 긴 섬모가 빙글빙글 돌고 있습니다(그림 6-4 참조). 이런 섬모의 운동이 노드 속 액체를 오른쪽에서 왼쪽으로 흐르게 하는데, 바로 이 흐름이 신체의 좌우를 결정짓습니다.[5]

노드 속 액체가 왼쪽으로 흐르면서 노드 왼편 가장자리에 위치한 섬모들이 바람 방향대로 휘어지는 갈대마냥 휘어집니다.[6] (이 섬모들은 노드 중앙부에 있는 것들과 달리 운동성이 없고 흐름만 감지해 좌우로 휘어집니다.) 이로 인해 배아 왼쪽에 위치한 세포들은 노들(nodal)이라는 이름의 단백질을 만들어냅니다.[7] 여기서 노들은 옆 세포에게 가서 "너는 왼쪽, 오른쪽 중에 왼쪽하는 거야."라고 알려줍니다. 그렇게 세포들은 왼쪽 정체성을 가짐과 동시에 자체적으로 노들을 추가로 만들어 이웃 세포에게 정보를 전달합니다.

그런데 노들로부터 정보를 받은 이웃 세포에서 이상한 일이 일어납니다. 그들은 또 다른 단백질인 레프티(lefty)도 분비하는데요.[8] 레프티는 노들을 억제하는 단백질입니다. 왼쪽이라고 알려주는 노들과 이를 방해하는 레프티가 함께 생성되는, 이 상황을 어떻게 이해해야 할까요?

노들과 레프티가 퍼지는 속도는 서로 다릅니다.[9] 레프티는 노

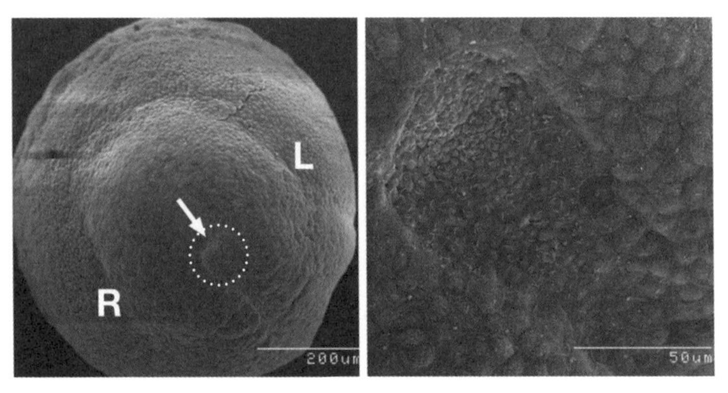

그림 6-3. 쥐 배아의 아래쪽 모습. 가운데 움푹 패인 구덩이가 노드이고(왼쪽), 그 안에는 섬모가 있다(오른쪽).

들보다 더 빨리, 더 멀리 퍼집니다. 따라서 배아의 왼쪽에 있는 세포들이 만들어낸 레프티는 노들보다 먼저 오른쪽에 위치한 세포들에 도착해서 노들이 정보를 전달하지 못하게 합니다. 그 결과 이미 레프티가 점령한 세포들은 왼쪽이 아닌 오른쪽이 됩니다. 이렇게 대칭을 이루고 있던 배아의 좌우 균형이 깨집니다.

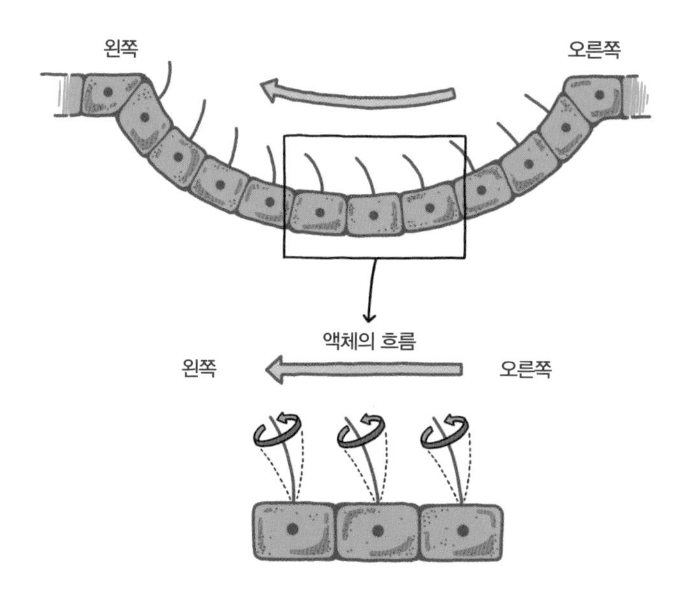

그림 6-4. 노드 바닥에 있는 섬모가 빙글빙글 돌며 노드 안 액체를 왼쪽으로 흐르게 하고 그 흐름에 의해 노드 가장자리에 있는 섬모가 휘어지면서 배아의 왼편에서 특정 유전자들이 발현된다.

◆ ◆ ◆

우리는 대칭을 가진 것들에 둘러싸여 있습니다. 꽃과 나비, 여러 동물에서 이런 대칭 패턴을 쉽게 발견할 수 있습니다. 실제 우리는 대칭 구조에서 아름다움을 느끼죠. 그래서 미남 미녀의 조건으로 얼굴의 좌우 대칭을 꼽기도 합니다.

하지만 비대칭의 중요성도 만만치 않습니다. 빅뱅 초기, 물질과 반물질이 5 대 5로 똑같이 있었다면 우주는 벌써 사라졌을 것입니다. 하지만 물질과 반물질이 비대칭을 이루고 있었기 때문에 이 세계가 존재하게 되었습니다. 우리도 마찬가지입니다. 몸속 각종 기관들의 위치를 잡아주는 머리와 꼬리, 배와 등, 왼쪽과 오른쪽이라는 비대칭 덕분에 지금 여기, 내가 존재합니다.

실험실을 나온 과학 ④

14일의 룰

학생들을 가르치다 보면 으레 듣는 질문이 있습니다. "교수님은 언제부터 배아를 사람으로 보는 게 맞다고 생각하시나요?" 대부분 낙태와 관련해 사회에서 일어나는 날 선 공방에 과학이 해답을 줄 수 있다는 믿음으로 질문을 합니다.

그러나 아이러니하게도 저는 과학자이기에 이들이 원하는 간결한 답을 주지 못합니다. 언제까지 그저 세포가 모여 있는 덩어리일 뿐이고, 언제부터 생명을 논할 수 있는 개체인지는 과학적인 질문이 아니라 윤리적 질문이기 때문입니다. 과학자가 답할 수 있는 것은 배아 발달 시기에서 언제 배아의 심장이 완성되는지, 언제 생각을 할 수 있을 만큼 신경계가 발달하는지, 언제 공기가 나들 수 있을 만큼 폐가 발달하는지 등입니다. 이 이슈에 대해서 과학이 개입할 수 있는 점은 배아 발달 과정은 점진적이라는 것일 뿐, 언제부터 살 권리를 갖고 있는 개체로 볼지는 과학이 명확히 답해줄 수 없습니다.

이렇게 미국이든 한국이든 사회적으로 뜨거운 감자인 낙태에서 과학의 역할은 제한적이라고 선을 긋고, 다시 이 이슈를 윤리적 토론으로 넘겼다고 생각했는데, 과학계에서도 비슷한 고민을 하게끔 하는 두 논문이 2016년에 발표됩니다. 이 논문들은 그동안 인간 배아 연구에서 지켜졌던 '14일의 룰'을 다시 논의해야 한다는 의견의 시작점이 되죠.

이제까지 실험실에서 인간 배아를 배양할 수 있는 기간은 수정 후 14일까지였습니다. 그 기간이 지나면 연구자들은 배아를 모두 폐기해야 하죠. 14일의 룰은 미국의 윤리 권고 위원회(Ethics Advisory Board of the US Department of Health, Education and Welfare)와 영국의 워녹 위원회(Warnock Committee)가 각각 1979년과 1984년에 작성한 보고서에서 시작되었습니다. 현재 전 세계에서 우리나라를 포함한 11개국이 14일의 룰을 법으로 정해놓았고, 5개국은 권고 사항으로 삼고 있습니다. 스위스는 인간 배아 배양을 14일보다 짧은 7일로 제한합니다.[10]

그런데 1달도 아니고, 왜 하필 14일일까요? 14일은 배아 발달에 있어 특별한 숫자이기 때문입니다. 이 시기에 한 겹의 세포층이 세 겹으로 늘어나고 또 앞으로 머리가 생길 부분과 엉덩이가 생길 부분이 어딘지 결정되거든요. 게다가 워녹 위원회는 수정 후 약 17일부터 신경계가 발달하기 때문에 그보다 2~3일 전으로 상한

선을 두어야 배아가 고통을 느낄 수 있는 가능성을 없앨 수 있다고 봤습니다.[11]

14일의 룰은 어찌 보면 인간 배아를 가지고 실험하는 것을 제한하는 것처럼 보일 수도 있지만 동시에 수정 후 2주까지는 연구할 수 있도록 허락한 룰이기도 합니다. 즉, 인간의 존엄성을 해치지는 않되 과학적 성과가 가능하게끔 하는 규정인 셈입니다.[12]

사실 2016년 이전까지만 해도 14일의 룰은 있으나마나 했습니다. 인간 배아를 14일이라는 긴 시간 동안 몸 밖에서 배양할 수 없었기 때문입니다. 길어 봤자 7일 정도가 최대였죠. 그도 그럴 것이 수정 후 6~7일째에 이르면 정상 배아가 자궁에 착상을 해야 하기 때문에 이와 비슷한 환경을 제공해주지 않는 이상 인간 배아는 7일 넘게 실험실에서 발달할 수 없었습니다.

하지만 2016년 5월, 실험실 배지에서 14일까지 인간 배아를 배양하는 데 성공한 연구 논문 둘이 발표됩니다.[13] 인간 배아를 실험실에서 14일, 아니 어쩌면 그보다 더 길게 배양할 수 있는 기술이 나온 것이죠. 그러자 과학계에서 14일의 룰을 재조명해야 한다는 목소리가 커지기 시작했습니다.

이 기술 외에도 기존 룰의 재고를 부추긴 연구가 하나 더 있습니다. 미국 록펠러 대학교의 연구자들은 인간 배아 줄기세포를 이제까지 배양하는 방법과 조금 다르게 배양해 보았습니다. 그랬더니 정상적으로 자라는 배아에서 한 겹의 세포가 세 겹의 세포층으로 변하는 것처럼 배아 줄기세포도 3개의 서로 다른 배엽으로 분화했습니다.[14] 물론 이 세포들이 수정을 통해 생긴 정상 배아의 모습을 하고 있지는 않죠. 하지만 정상 배아와 비슷하게 발달하니까 이런 연구를 '배아' 연구로 봐야 하는 건 아닐까요?[15] 만약 큰 의미의 '배아'로 본다면 이런 '인공 배아' 연구를 14일의 룰을 가지고 어떻게 규제할 수 있을까요?

14일의 룰을 바꿀지, 그대로 둘지 대해 과학계의 입장은 아직 불분명합니다. 유산이나 선천적 기형, 유전병의 원인을 밝히기 위해 기간을 더 늘려야 한다는 주장이 있는 반면, 앞으로 같은 논란이 생길 때마다 이런 식으로 계속 늘리다 보면 결국 생명의 존엄성을 해치게 될 것이라는 주장도 있습니다.

영국 에든버러 대학교의 세라 찬(Sarah Chan) 박사는 만약 14일의 룰이 바뀌게 된다면 두 가지가 꼭 지켜져야 한다고 밝혔습니다.[16] 첫 번째는 바로 특정 구조가 아닌 날짜에 기반을 둬야 한다는 것입니다. 예를 들어 '이러한 구조가 생길 때까지는 배아를 배양해도 좋다.'고 하면 배아에서 그 구조가 생겼는지 아닌지 서로 다른 의견을 낼 수 있기 때문에 30일이면 30일, 40일이면 40일, 이런 객관적인 기준이어야 한다는 것입니다. 두 번째는 보편성입니다. 어느 한 나라에서 인간 배아 연구가 가능한 시기를 14일보다 더 늘리면, 관련 연구가 모두 그 나라로 몰릴 것입니다. 따라서 반쪽짜리 룰이 되지 않으려면 국제적인 합의가 꼭 필요합니다.

인간의 존엄성 문제가 단지 법정이나 수술실이 아닌 실험실에도 깊숙이 들어와 있다는 것을 보여주는 14일의 룰. 인류의 발전과 생명의 존엄성이라는 가치가 서로 날카롭게 대치하는 것이 아니라 둘 모두가 유기적으로 공존할 수 있는 방법이 과연 있을까요? 답을 찾기 위해 과학자, 윤리학자, 정책 입안자와 일반 시민 간의의 활발한 토론이 이뤄지기를 기대해봅니다.

7강

비커밍 휴먼

모난 곳 하나 없는 배아에서 머리부터 엉덩이, 등과 배, 왼쪽과 오른쪽 같은 큰 부분들이 결정되고 나면 이제 각종 기관이 만들어질 차례입니다. 곧 머리에는 뇌가, 팔 다리에는 5개의 손가락과 발가락이 만들어지겠죠. 발달 초기, 무궁무진한 잠재력을 가졌던 배아 세포들은 이제 진로를 정하고 각자 갈 길을 갑니다.

세포들이 자신의 역할과 모양을 찾아가는 방법은 무척 다양합니다. 하지만 세포의 종류와 위치에 관계 없이 공통적으로 적용되는 '법칙'이 있습니다. 혼자서는 살 수 없는 우리처럼 배아 세포 역시 주변 세포, 때로는 저 멀리 떨어져 있는 세포로부터 영향을 받아 분화한다는 것입니다. 알고 보니 하나의 세포가 인간이 되는 이 경이로운 과정에서도 중요한 것은 소통입니다.

몸의 컨트롤 타워를 세우다

눈을 깜빡이고 숨을 쉬는 것처럼 무의식적으로 하는 일이든, 날아오는 축구공을 재빠르게 피하고 흥겨운 노래에 몸을 들썩이는 일이든, 모두 우리 몸의 중추 신경계를 담당하는 뇌와 척수가 통제합니다. 몸의 곳곳에서 수집된 대부분의 정보가 척수라는 고속도로를 거쳐 뇌로 전달되고, 뇌에서 내린 명령은 다시 척수를 통해 각 운동 기관에 전달되죠. 그러다 보니 뇌와 척수에 손상이 가면 마치 한 도시에 대규모 정전이 일어난 듯 신체 일부가 마비되어 제 기능을 수행하지 못합니다.

이렇게 중요한 뇌와 척수는 어떻게 만들어질까요? 수정된 지 약 한 달이 지난 배아를 자세히 들여다보면 빨대 같은 기다란 관 하나가 눈에 띕니다. 이것이 앞으로 뇌와 척수가 될 신경관입니다. 아직 엄마가 임신을 했는지조차 알아차리기 전에 배아는 이처럼 이미 몸의 컨트롤 타워를 세울 준비를 시작합니다.

신경관이 어떻게 만들어지는지 그림 7-1을 보며 설명하겠습니다.[1] 앞서 수정 후 약 2주가 지나면 배아에는 우리 몸 전체를

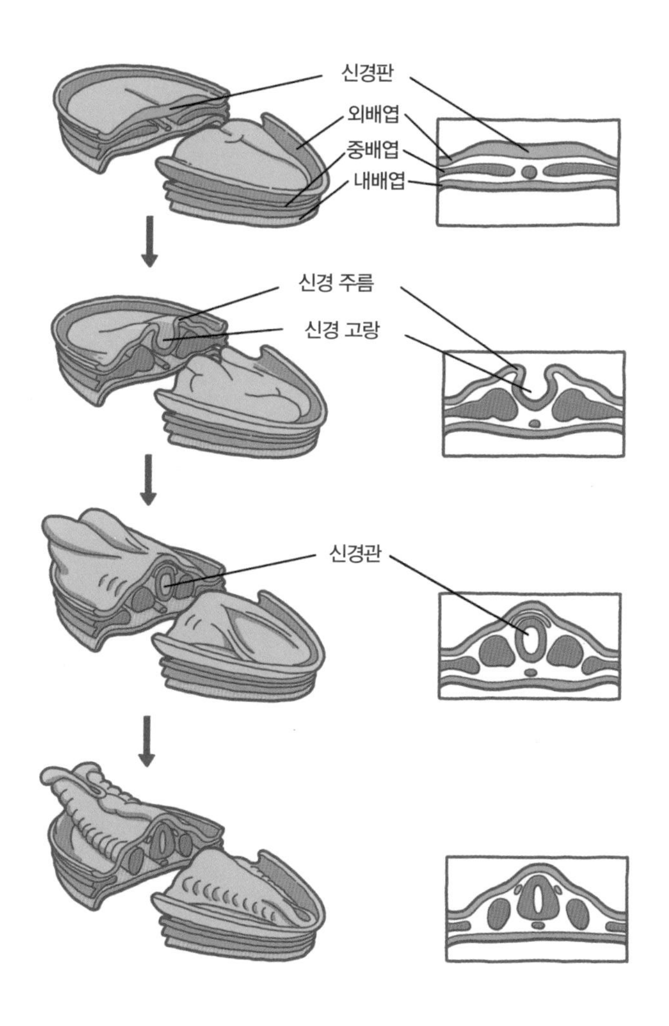

그림 7-1. 신경관 형성 과정. 외배엽이 U자 형태가 되고 이후 동그랗게 빨대 모양으로 말려 신경관을 만든다. 신경관은 훗날 뇌와 척수로 발달한다.

만들 세 겹의 세포층이 형성된다고 했죠. 그중 가장 위에 있는 외배엽이 고원 평야처럼 살짝 융기하고, 곧이어 이 부분이 U자 모양으로 휘어지기 시작합니다. 마치 A4 용지 양쪽 끝을 두 손으로 들고서 손을 가운데로 조금씩 모으면 종이 가운데가 아래로 꺼지는 것과 비슷합니다.

이때 아래로 불룩하게 내려앉은 부분을 신경 고랑이라고 하고 양끝을 신경 주름이라고 합니다. 외배엽 세포들이 가운데로 이동하는 데다가 분열을 거듭해 그 수가 많아지니 서로 자리를 차지하려고 비집고 밀어내는 과정에서 신경 고랑은 깊어지고 신경 주름이 봉긋하게 솟아오릅니다. 그리고 시간이 지나 신경 주름이 서로 만나면서 고랑은 관으로 변합니다. 이 관이 외배엽에서 떨어져 나오면 앞으로 뇌와 척수가 될 신경관이 되는 것이죠.

신경관은 반드시 어디 하나 새지 않는 완벽한 관 모양이어야 합니다. 그렇지 않으면 뇌와 척수가 제대로 발달할 수 없죠. 문제는 신경관이 닫히는 시기와 배아가 급격하게 자라는 시기가 겹친다는 것입니다. 이 시기에 자칫해서 신경 주름이 붙는 타이밍을 놓치면 배아는 신경관이 열린 채 발달을 계속하게 됩니다. 신경관의 대부분이 열려 있는 경우 배아는 사산되거나 태어나더라도 대부분은 며칠 살지 못합니다.[2]

머리는 하나, 손가락은 다섯

배아가 발달을 하는 동안 세포들은 단지 그 수만 늘리는 것이 아니라 피부 세포, 신경 세포, 근육 세포와 같이 특정 세포로 분화합니다. 그럼 세포의 진로는 어떻게 정해지는 것일까요? 우리가 자라면서 부모, 형제, 이웃, 친구, 선생 등 여러 사람들로부터 영향을 받듯 세포도 마찬가지입니다. 배아 세포가 근육 세포가 될지, 신경 세포가 될지, 장 세포가 될지 결정하는 데 유난히 '말이 많은' 몇몇 세포들이 귀띔을 합니다.

세포들은 그들만의 언어를 통해 서로 대화를 할 수 있습니다. 세포들이 대화하는 방법에는 여러 가지가 있는데, 그중 하나가 단백질을 주고받는 것입니다. 여기서 단백질은 일종의 화학 메시지인데요. 주변 세포가 보낸 메시지를 읽고 세포가 분화한다는 것은 머리가 둘 달린 올챙이를 만든 실험에서 알게 되었습니다.[3] 신경관을 만들라는 명령을 내리는 세포들을 떼어다가 다른 배아의 배 부분에 이식했더니 2개의 신경관이 발달해 뇌와 척수가 둘인 올챙이가 나왔거든요.

뿐만 아니라 얼마나 많은 양의 메시지를 받느냐에 따라 동일한 잠재력을 가진 세포라도 다르게 발달할 수 있습니다. 그 대표적인 예가 손가락입니다.[4] 컴퓨터 자판을 칠 때 쉴 새 없이 움직이는 손가락을 보면 다섯 손가락의 길이도, 두께도 다른 모습에 신기하다는 생각을 할 때가 있는데요. 이렇게 각각 개성이 넘치는 손가락을 만들어내려면 서로 다른 다섯 가지의 메시지가 필요할까요? 사실 배아 세포는 손가락을 만들라는 하나의 메시지만 받습니다. 다만 얼마나 많은 양의 메시지에 노출되었느냐에 따라 새끼손가락이 만들어지기도, 집게손가락이 만들어지기도 합니다.

수정된 지 약 한 달 정도 지난 인간 배아의 몸통을 자세히 보면 팔과 다리가 생길 부분에서 뭉뚝하게 솟아나온 구조를 볼 수 있습니다. 이것을 팔다리싹(limb buds)이라고 합니다. 이 팔다리싹의 가장 아랫부분, 즉 훗날 새끼손가락이 생길 부분에서 손가락을 만들라는 명령어를 담은 소닉 헤지호그(Sonic hedgehog, Shh) 단백질이 나오는데요.[5] 그 결과 팔다리싹의 아래쪽은 Shh의 농도가 높고, 위쪽으로 올라갈수록 그 농도는 점점 옅어집니다. 이런 농도 차이로 인해 새끼손가락부터 약손가락, 가운뎃손가락, 집게손가락까지 서로 다르게 생긴 손가락들이 발달하게 됩니다.(Shh 단백질은 엄지 형성에 관여하지 않습니다.)

Shh 단백질 같은 물질을 과학자들은 형태 형성 물질(morphogen)이라 부릅니다. 형태 형성 물질은 배아의 특정 위치에서 나와 멀리 퍼지며, 농도에 따라 세포의 분화 방향에 다른 영향을 미친다는 특징을 갖습니다.

그럼 머리 둘 달린 올챙이를 만들어낸 것 못지않은, 이상한 실험을 하나 더 볼까요? 과학자들은 닭 배아의 팔다리싹 아래쪽에서 Shh 단백질을 만들어내는 세포를 떼어내 다른 닭 배아의 팔다리싹 위쪽에 붙여봤습니다.[6] 원래 닭 날개에는 3개의 손가락뼈가 있어야 정상인데요. 이 실험에서 배아는 세 손가락뼈가 데칼코마니마냥 양쪽으로 발달해 총 6개의 손가락뼈를 가진 병아리로 발달했습니다. 인간의 경우에는 Shh 단백질을 만드는 유전자에 돌연변이가 생기면 손가락이 6개 이상 생기는 다지증이 나타나기도 합니다.[7]

나의 죽음을 널리 알려라

배아의 발달 과정에서 분화 외에 중요한 현상이 있으니 바로 세포 자멸(apoptosis)입니다. 말 그대로 세포가 자살하는 현상인데요. 세포 자멸은 언뜻 역설적으로 보입니다. 빨리 수를 늘리고 크기를 키워서 성체가 되기도 모자른 마당에 기껏 열심히 만들어놓은 세포가 스스로 죽는다니 말이죠.

사실 우리 몸의 세포가 죽는 과정에는 크게 두 가지가 있습니

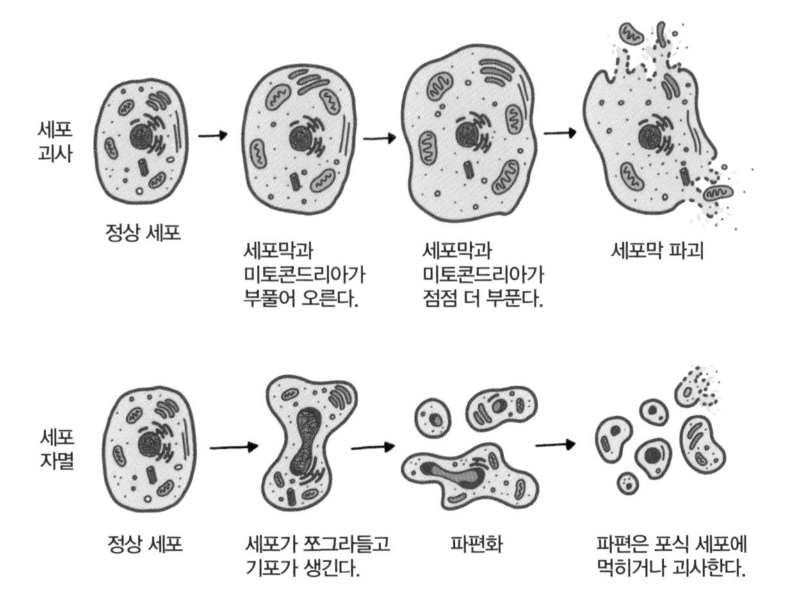

그림 7–2. 세포 괴사와 세포 자멸의 비교.

다. 상처 등으로 세포가 손상되면 세포 내 소기관들이 점점 부풀어 오르고 세포막이 손실되어 세포가 파열되는데 이런 죽음을 세포 괴사(necrosis)라고 합니다. 이것은 수동적인 죽음이라 할 수 있습니다. 이와 달리 세포 자멸은 제 기능을 하지 못하거나 발달 과정에서 더 이상 필요 없는 세포가 자살하는 것입니다. 세포 내 여러 단백질들이 조각나 세포 전체가 쭈글쭈글하게 줄어들면 어느새 다가온 면역 세포가 이 세포를 잡아먹으면서 상황은 종료됩니다.

발달 과정에서 세포 자멸은 흔한 현상입니다. 배아의 손에 있는 물갈퀴 세포를 비롯해 올챙이 꼬리 역시 세포 자멸을 통해 없어집니다. 또 심장 발달 과정에서도 세포 자멸이 일어납니다.[8] 심장은 원래 하나의 튜브에서 시작해 2개의 심방(좌심방, 우심방)과 2개의 심실(좌심실, 우심실)을 만들어냅니다. 이때 세포 자멸이 제대로 일어나지 않으면 완벽하게 따로 떨어진 심방과 심실을 만들어내지 못합니다. 뇌도 정상적으로 발달하기 위해 세포 자멸을 필요로 합니다. 뇌가 발달하는 동안 필요 이상으로 많은 수의 신경 세포가 생기는데 이를 가지 치듯 잘라낼 때 세포 자멸 기작이 작동합니다.[9]

그런데 자살하는 세포는 혼자 조용히 죽는 것이 아니라 주변 세포에게도 영향을 미칩니다. 한번은 과학자들이 초파리에서 죽어야 하는 세포를 죽지 못하게 만들고 그 결과를 관찰했는데요.[10] 이 세포들은 원래 계획된 대로 자살 기작을 작동시켰지만 과학자들이 한 짓(?) 때문에 최종적으로 죽지는 못하고 있었습니다. 그랬더니 신기하게도 이 '언데드(undead)' 세포들 주변에서 세포 수가 눈에 띄게 증가했습니다. 과학자들은 이 실험에서 세포들이 자살하면서 주변에 세포 분열을 지시하는 단백질을 분비한다는 것을 알게 되었습니다.

실제로 발달 중인 초파리에 방사능을 쪼이면 많은 세포들이 죽어버리지만 결과적으로 초파리는 정상적인 크기와 모양을 갖춘 성충으로 자랍니다. 여기서 우리는 방사능의 영향을 받은 세포들이 자멸하면서 주변 세포의 분열을 유도했고, 새로 분열된 정상 세포들이 자멸한 세포들의 빈자리를 채우는 것이라고 추론할 수 있습니다.[11] 비슷한 현상을 우리 몸속에서도 찾을 수 있는데요. 우리 몸속 내장 기관인 간(肝)의 일부를 잘라내면 절단면에 있는 세포들이 자멸하면서 동시에 주변 세포들의 분열을 촉진하는 단백질을 분비해 간의 재생을 돕습니다.[12]

세포가 무작위로 증식하는 병인 암(癌)도 세포 자멸과 관련이 있습니다. 종양이 발달하는 과정에서 자멸하는 세포를 볼 수 있는데요. 세포 수를 늘리기에 바쁜 암 종양에 죽어가는 세포들이 왜 존재하는 것일까요? 게다가 자멸하는 세포 수가 많을수록 암 치료 가능성도 낮아진다고 하니 이상한 노릇입니다.[13] 하지만 앞서 언급한 연구 결과를 토대로 보면, 자멸하는 세포들이 주변 세포의 증식을 촉진하여 오히려 암세포가 늘어나는 거라고 이해할 수 있겠죠. 이 때문에 최근에는 항암 치료로 인해 자멸하는 세포가 주변 세포의 분열을 유도하지 못하게 하는 방법을 연구해야 한다는 말도 나옵니다.[14]

꼭대기에서 명령을 내리다

세포에 있는 많은 유전자 사이에는 계층 구조가 존재합니다. 예를 들어 유전자 A가 발현돼 유전자 B를 발현시키고, 유전자 B가 다시 유전자 C, D, E를 발현시킨다고 합시다. 여기서 유전자 B, C, D, E의 발현 여부는 유전자 A에 의해 결정됩니다. 유전자 A가 도미노의 첫 블록인 셈이죠. 이렇게 하위 유전자들의 발현 여부를 결정짓는 유전자 A를 핵심 조절자(master regulator)라고 합니다.

이런 피라미드식 구조는 여러모로 편리합니다. 유전자 C, D, E를 발현시키려고 각 스위치를 일일이 찾아서 켜는 것이 아니라 유전자 A만 작동시키면 되니까요. 하지만 이렇게 핵심 유전자에 의존하는 구조에는 단점도 존재합니다. 예를 들어 돌연변이 등으로 인해서 유전자 A가 발현되지 않으면요? 배아는 유전자 A가 관여하는 기관을 아예 만들 수 없습니다.

핵심 조절자 중 가장 잘 알려진 유전자가 바로 아이리스(eyeless)입니다. 이 유전자는 초파리에서 눈을 만드는 데 관여하는데요. 아이리스 유전자는 아직 진로를 결정하기 전 배아 세포에게 눈을 만들라고 명령하는 일종의 스위치와 같습니다. 그래서 아이리스 유전자가 잘못되면 두꺼비집을 내렸을 때 집안 내 모든 가전제품이 정지하듯, 눈과 관련된 모든 유전자가 작동을 멈춥니다. 따라서 아이리스에 돌연변이가 생기면 눈이 없는 초파리가 나오고, 아이리스를 날개와 다리에서 발현시키면 여기서 눈과 비슷한 게 만들어집니다.[15]

이뿐만이 아닙니다. 초파리와 크기도, 생김새도 다른 쥐 역시 아이리스와 비슷한 역할을 하는 팍스-6(Pax-6)라는 유전자를 갖고 있습니다. 중요한 건 쥐의 팍스-6 유전자를 초파리 다리에서 발현시키면 아이리스 유전자를 발현시킨 것마냥 다리에서 눈이 만들어진다는 거죠(하나는 곤충이고 다른 하나는 동물인데 말입니다.).[16] 전혀 다른 두 종에서 눈을 만드는 유전자가 이토록 닮았다는 것은 진화론의 증거가 되기도 합니다.

U턴은 안 됩니다

한때 무궁무진한 발달 잠재력을 가졌던 배아 세포는 주변 세포의 메시지 또는 핵심 조절자의 영향 등에 의해 특정 세포로 분화합니다. 이 과정을 이해하기 쉽게 절묘한 시각 이미지로 구현한 사람이 바로 영국의 발달생물학자 콘래드 워딩턴(Conrad Waddington)입니다.

워딩턴 박사는 여러 골짜기가 있는 큰 산의 꼭대기에 작은 공이 하나 놓여 있는 그림을 그렸습니다(그림 7-3 참조). 여기서 공은 세포를 의미합니다. 그리고 이 공이 데굴데굴 굴러 내려오면서 선택하게 되는 골짜기가 바로 세포의 분화 방향입니다. 예를

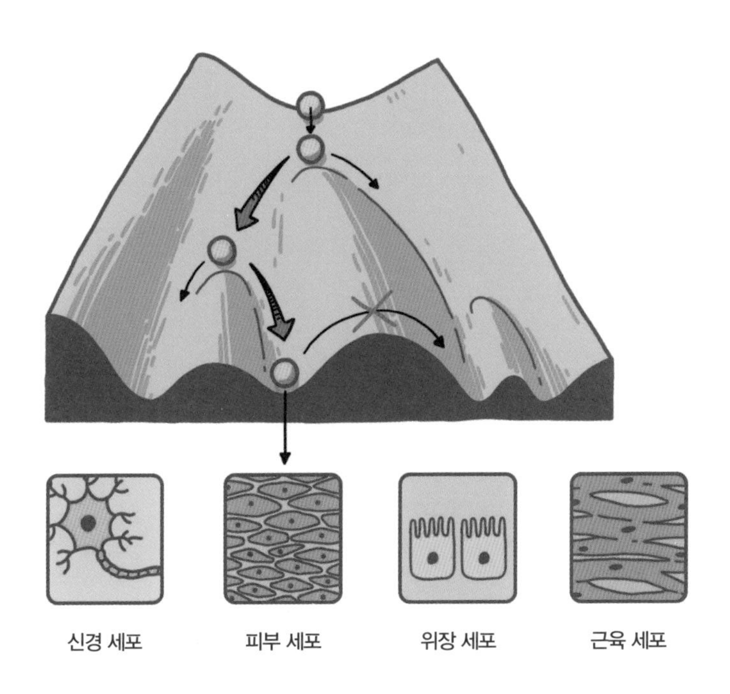

그림 7-3. 세포의 분화 과정을 이미지로 표현한 워딩턴의 후성적 지대 모델. 꼭대기에 위치한 공은 높은 발달 잠재력을 가진 세포를, 공이 골짜기를 따라 굴러 내려오는 것은 세포가 분화하는 과정을 의미한다.

들어 첫 번째 분기점에서 왼쪽으로 방향을 틀면 이 세포는 위장 세포나 근육 세포가 될 잠재력을 잃습니다. 뒤이어 그다음 분기점에서 오른쪽을 선택한다면 이 세포는 발달 잠재력을 완전히 잃고 결국 피부 세포가 됩니다.

공이 데굴데굴 굴러 내려오면서 훗날 어떤 세포가 될지 정해지는 것 외에 워딩턴 그림에서 중요한 것이 하나 더 있습니다. 선택에 선택을 거듭해 마침내 골짜기 아래에 다다른 공은 스스로 중력을 이기고 붕 떠올라 언덕 너머 옆 골짜기로 갈 수 없다는 사실입니다. 즉, 어떤 세포로 분화할지 이미 결정한 세포는 갑자기 다른 세포로 변할 수 없습니다. 자고 일어났더니 피부 세포가 신경 세포로 변했다던지 위장 세포가 뼈세포로 변하는 일은 들어본 적이 없잖아요?

생각해보면 피부 세포로 분화했든, 신경 세포로 분화했든 세포가 가진 유전 물질은 모두 똑같습니다. 다시 말해 두 세포 안에는 피부 세포를 만드는 데 필요한 유전자와 신경 세포를 만드는 데 필요한 유전자가 모두 존재합니다. 그렇다면 세포가 자신의 선택을 뒤집을 수 없는 이유는 무엇일까요?

알고 보니 피부 세포에서는 신경 세포를 만드는 데 필요한 유전자가 몇 번씩 꼬깃꼬깃 접히고 스테이플러로 꼭꼭 고정된 것 마냥 읽지 못하게 처리되어 있었습니다. 신경 세포도 마찬가지입니다. 이렇게 유전자가 버젓이 있는데 읽을 방도가 없는, 그래서 마치 유전자가 없는 것마냥 발현되지 않는 것을 공부하는 학문이 후성유전학(epigenetics)입니다. 같은 유전자를 가졌음에도 서로 다른 세포로 분화하는 현상, 일란성 쌍둥이가 조금은 다른 특성을 갖는 현상 등 유전자의 변이로 설명되지 않는 것들이 후성유전학의 연구 대상입니다.

앞서 유전자를 단백질 제작 정보를 담은 조리법에 비유했죠. 이 조리법은 단 4개의 알파벳으로 써 있습니다. 이 4개가 바로 A(아데닌), T(티민), C(시토신), 그리고 G(구아닌)입니다. 그래서 유전자를 들여다보면 ATCCGCAATCGATACG…, 이런 식으로 쭉 나열되어 있습니다. 유전자 돌연변이란 여기서 알파벳이 더해지거나 없어지거나 바뀌어서 유전 정보가 달라지는 것을 의미합니다.[17]

그런데 일반적인 돌연변이와 다르게, 알파벳이 조금 변형되는 경우가 있습니다. 주로 C에서 일어나는데, 예를 들어 한글의 'ㅏ'에서 점이 하나 붙어 'ㅑ'가 되는 것처럼 'C'에서 뿔이 하나 붙어 'Ċ'가 되는 식입니다. 이렇게 되면 세포가 유전자를 읽지 못하기 때문에 마치 해당 유전자가 사라진 것과 결과가 같습니다.

배아 세포가 특정 세포로 분화해도 다른 세포가 될 유전자를 잃어버리는 것은 아닙니다. 하지만 이런 식으로 읽을 수 없는 상태가 되면 세포는 '진로'를 자기 마음대로 쉽게 바꿀 수 없습니다. 덕분에 배아는 안정적으로 분화를 거듭해 한 인간이 됩니다.

◆ ◆ ◆

배아가 발달하는 과정과 사람이 성장하는 과정은 어딘가 많이 닮아 있습니다. 친구 따라 강남 간다는 말마따나 옆 세포와 같은 세포로 분화하는 경우가 있는가 하면, 특정 세포로 분화하면서 주변 세포에게 자기와 다른 세포로 분화하라고 명령을 내리기도 합니다.

유연함과 고집스러움을 모두 갖추어야 한다는 것도 공통점입니다. 지혜로운 사람들을 보고 있자면 뜻을 굽히지 않는 강직함과 주위 사람들의 이야기를 귀담아 듣고 변화하는 태도를 모두 볼 수 있죠. 배아 발달도 마찬가지입니다. 토씨 하나 틀리면 안 되는 컴퓨터 코딩처럼 촘촘하게 짜여진 발달 과정 사이사이에는 환경에 반응할 수 있는 유연성이 존재합니다. 그래서 배아가 발달하는 모습을 보고 있으면 웅장하고 다양한 악기가 조화를 이룬 음악이 들리는 듯합니다.

두 세포가 만나 하나의 세포가 되고, 다시 이 세포가 하나의 인간으로 발달하는 과정. 셀 수 없이 많은 물질들, 잠시 있다가 사라지는 구조들, 이곳에서 저곳으로 바쁘게 움직이거나 듬직하니 한 곳에서 지표가 되어주는 세포들, 이 모두가 정해진 규칙과 정해지지 않은 환경에 반응하며 쉴새없이 자기 몫을 해내는 시간. 이렇게 기억에 없는 기적, 내가 빚어집니다.

실험실을 나온 과학 ⑤

공중 보건과 엽산

배아의 신경관이 제대로 닫히지 않아 생기는 질병의 발생률은 생각보다 높습니다. 2015년 한해 동안 세계적으로 신경관 결함 관련 질병을 갖고 태어난 신생아 수는 약 143,200명 수준으로 추정됩니다.[18] 영국의 경우에는 매주 평균 2명의 아이가 신경관 결함을 갖고 태어난다고 합니다.[19]

다행히 해결책이 아예 없는 것은 아닙니다. 1991년 한 연구에서 엽산(folic acid) 보조제를 섭취한 여성의 경우 신경관 결함이 있는 아이를 출산할 가능성이 기존의 약 6분의 1로 현저히 감소했다는 사실이 발표되었습니다.[20] 엽산은 비타민 B 중 하나로 천연 엽산은 녹색 채소나 감자, 과일 등에 들어 있습니다. 위에서 말한 엽산 보조제는 합성 엽산인데 천연 엽산보다 더 안정적이라 조리를 해도 분해되지 않아 활용도가 두 배는 더 높습니다.[21]

그럼 평소에 과일이랑 채소를 잘 챙겨 먹으면 신경관 결함을 피할 수 있을까요? 안타깝게도 천연 엽산은 조리하면 쉽게 파괴되기 때문에 1일 권장량인 0.4밀리그램을 천연 엽산으로만 섭취하기가 쉽지 않습니다. 게다가 임신이라는 것을 안 후에 엽산을 먹는다는 것은 기차가 이미 떠났는데 세워달라는 것과 마찬가지입니다. 수정 후 약 한 달이 지났을 무렵에 신경관이 형성되는데 이때는 대부분의 여성들이 자기가 임신한 줄 잘 모르거든요.

위의 엽산 보조제 연구가 발표된 지 1년 후인 1992년, 미국 정부는 가임기 여성에게 엽산 보조제 복용을 권고했지만 효과가 없었습니다. 아무리 캠페인을 해도 소용이 없고, 그렇다고 집집마다 찾아가 매일 보조제를 챙겨줄 수도 없는 노릇. 여기서 미국 정부는 좋은 수를 하나 생각해냅니다. 바로 시중에서 판매하는 밀가루에 일정량의 합성 엽산을 첨가하는 내용의 법을 제정한 것입니다. 그렇게 하면 평소 파스타나 빵 등의 밀가루 음식을 먹는 것만으로도 충분한 엽산을 섭취할 수 있습니다.

법 제정 이후, 신경관 결함을 갖고 태어나는 아이의 수는 엽산 보조제를 권유하기만 했던 때에 비해 무려 28퍼센트나 줄었습니다.[22] 캐나다의 경우에는 절반까지 줄었고요.[23] 이렇게 합성 엽산을 밀가루에 첨가하는 것을 법으로 정한 나라는 미국과 캐나다만이 아닙니다. 2017년 10월을 기준으로 총 81개의 국가가 밀가루에 엽산을 첨가하는 것을 의무로 하고 있습니다.[24]

그런데 81개 나라들을 가만히 들여다보면 이상하게도 영국을 비롯한 유럽 국가들이 쏙 빠져 있습니다. 이 나라 여성들은 원래 엽산 보조제를 매일 섭취하기 때문에 굳이 이런 법이 필요 없는 것일까요? 아닙니다. 미국이 엽산 첨가 법으로 효과를 톡톡히 보고 있던 시기, 영국에서 약 47만 명의 여성을 대상으로 실시한 설문 조사에 따르면 임신 전 엽산 보조제를 챙겨 먹는 여성이 2011~2012년 기준 31퍼센트에 불과했습니다. 62퍼센트의 여성은 임신이 확정된 이후, 즉 이미 신경관이 닫힌 이후에야 엽산을 섭취한다고 응답했습니다.[25]

이렇게 엽산 섭취에 대한 인식이 여전히 부족한데도 불구하고 왜 법 제정이 늦춰지는 걸까요? 그 원인을 영국 퀸 메리 대학교의 니컬러스 월드(Nicholas J. Wald) 교수와 그의 동료가 세 가지로 정리했습니다.[26] 첫째로 엽산 부족을 그저 신경관 결함의 위험 요인으로만 명시할 뿐 중요 인자로 보지 않는 전문가 집단이 있기 때문입니다. 둘째로 곡물 제품에 엽산을 넣어 강제로 섭취하게 하는 것이 개인의 자유를 침해하는 것이라고 주장하는 사람들이 있기 때문입니다. 그들의 주장에 따르면 공중 보건은 보다 나은 공공의 결정을 형성하는 것이 아니라 그저 개인의 올바른 선택을 돕는 것이어야 합니다. 이에 대해 월드 교수와 동료들은 "안전벨트를 매는 것이나 공공장소에서 흡연을 금지하는 것처럼 개인의 자유를 침해할지라도 사람들에게 가는 피해를 최소화하는 일에 대해서는 법과 같은 강제성이 필요하다."라고 반박합니다. 세 번째 이유로 지목된 것은 엽산 과다 섭취가 신경계의 기능 장애를 일으킨다는 연구 결과였습니다.(사실 이 연구는 얼마 전 분석 방법에 문제가 있다고 밝혀졌습니다.) 이렇게 어느 나라에서는 엽산 첨가가 공중 보건의 성공적 사례로 꼽히지만, 다른 나라에서는 과학과 사회, 또 과학과 개인의 믿음이 부딪히는 상황을 보여주기도 합니다.

과학은 논리로 시작해 논리로 끝납니다. 실험실은 가장 적합한 가설을 세우고 그것을 검증하기 위해 실험을 설계하고 데이터를 분석하는, 조용하지만 치열한 공간이죠. 그렇게 논리와 논리가 서로 만나 부딪히고 토론하면서 가장 적합한 과학적 사실이 정립됩니다.

하지만 실험실을 나온 과학은 또 다른 어려움에 부딪힙니다. 실험 결과를 이해하려 하지 않거나 수용할 의사가 없는 사람들, 그리고 서로 다른 이해관계를 가진 집단에 의해 과학은 다르게 해석되고 다르게 이용됩니다. 널리 받아들여지는 과학적 사실이라고 해도 자신의 삶이 조금 불편해진다며 눈을 가리고 귀를 닫는 사람들도 있습니다.

많은 사람들이 과학을 전공한다고 하면 박사가 되거나 의사가 되는 길만 있다고 생각합니다. 하지만 실험실 밖에서도 과학은 얼마든지 멋지고 뜻 깊은 분야가 될 수 있습니다. 일반 대중에게 과학적 논리를 쉽게 설명해줄 수 있는 사람들, 과학이 정책 설정에 확실한 기반이 될 수 있도록 지지를 구하고 정책 수립 과정에 적극 참여하는 사람들, 연구 내용을 믿지 않으려는 사람들과 끊임없이 소통하고 그들을 설득하는 데 앞장서는 사람들. 하얀 가운을 입고 시험관을 들지는 않았지만 이들 또한 과학으로 세상을 바꿔나가는 아주 중요한 존재들입니다.

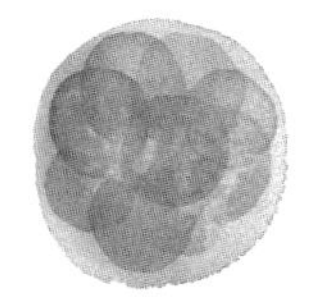

주석

1강

1 다음 논문들을 참조했다. Harvey, C., Linn, R A., and Jackson, M. H. (1960). Certain characteristics of cervical mucus in relation to the menstrual cycle. *Journal of Reproduction and Fertility, 1*, 157-168; Lamar, J. K., Shettles, L. B., and Delfs, E. (1940). Cyclic penetrability of human cervical mucus to spermatozoa in vitro. *American Journal of Physiology, 129*, 234-241; Viergiver, E., Pommerenke, W. T. (1946). Cyclic variations in the viscosity of cervical mucus and its correlation with amount of secretion and basal temperature. *American Journal of Obstetrics and Gynecology, 51*(2), 192-200.

2 Bulletti C, de Ziegler D, Polli V, Diotallevi L, Del Ferro E, Flamigni C. (2000). Uterine contractility during the menstrual cycle. *Human Reproduction, 15*(Suppl 1), 81-89.

3 Kunz, G., Beil, D., Deininger, H. et al. (1996). The dynamics of rapid sperm transport through the female genital tract. Evidence from vaginal sonography of uterine peristalsis(VSUP) and hysterosalpingoscintigraphy(HSSG). *Human Reproduction, 11,* 627-632.

4 Chang, M. C. (1951). Fertilizing capacity of spermatozoa deposited into the fallopian tubes. *Nature, 168,* 697-698; Austin C, R. (1951). Observation on the penetration of the sperm in the mammalian egg. *Australian Journal of Science Research 4,* 581-596

5 Bahat, A., Caplan, S. R., & Eisenbach, M. (2012). Thermotaxis of human sperm cells in extraordinarily shallow temperature gradients over a wide range. *PLoS ONE, 7*(7), e41915. https://doi.org/10.1371/journal.pone.0041915

6 Miki, K., & Clapham, D. E. (2013). Rheotaxis guides mammalian sperm. *Current Biology, 23*(6), 443-452. https://doi.org/10.1016/j.cub.2013.02.007

7 Medina-Sánchez, M., Schwarz, L., Meyer, A. K., Hebenstreit, F., & Schmidt,

O. G. (2015). Cellular cargo delivery: Toward assisted fertilization by sperm-carrying micromotors. *Nano Letters, 16*(1), 555-561. https://doi.org/10.1021/acs.nanolett.5b04221. 동영상은 다음 링크를 참고하라. https://www.youtube.com/watch?v=Ww-x-VIFh-Q

8 Lillie, F. R. (1912). The production of sperm iso-agglutininsby ova. *Science, 36*(929), 527-530. https://doi.org/10.1126/science.36.929.527

9 Armon, L., & Eisenbach, M. (2011). Behavioral mechanism during human sperm chemotaxis: Involvement of hyperactivation. *PLoS ONE, 6*(12), e28359. https://doi.org/10.1371/journal.pone.0028359

10 Dewailly, D., Lujan, M. E., Carmina, E., Cedars, M. I., Laven, J., Norman, R. J., & Escobar-Morreale, H. F. (2013). Definition and significance of polycystic ovarian morphology: A task force report from the Androgen Excess and Polycystic Ovary Syndrome Society. *Human Reproduction Update, 20*(3), 334-352. https://doi.org/10.1093/humupd/dmt061

11 Zeleznik, A. J. (2004). The physiology of follicle selection. *Reproductive Biology and Endocrinology, 2*(1), 31. https://doi.org/10.1186/1477-7827-2-31

12 Leeuwenhoek, A. (1678). Observationes D. Anthonii Lewenhoeck, de Natis e semine genitali Animalculis. *Philosophical Transactions, 12,* 1040-1043.

13 Demeestere, I., Simon, P., Buxant, F., Robin, V., Fernandez, S. A., Centner, J., … Englert, Y. (2006). Ovarian function and spontaneous pregnancy after combined heterotopic and orthotopic cryopreserved ovarian tissue transplantation in a patient previously treated with bone marrow transplantation: Case report. *Human Reproduction, 21*(8), 2010-2014. https://doi.org/10.1093/humrep/del092

14 Oktay, K., Buyuk, E., Veeck, L., Zaninovic, N., Xu, K., Takeuchi, T., … Rosenwaks, Z. (2004). Embryo development after heterotopic transplantation of cryopreserved ovarian tissue. *The Lancet, 363*(9412), 837-840. https://doi.org/10.1016/s0140-6736(04)15728-0

15 Demeestere, I., Simon, P., Dedeken, L., Moffa, F., Tsépélidis, S., Brachet, C., … Ferster, A. (2015). Live birth after autograft of ovarian tissue cryopreserved during childhood: Figure 1. *Human Reproduction, 30*(9), 2107–2109. https://doi.org/10.1093/humrep/dev128

16 Demeestere, I. et al. (2015).

2강

1 Sedgh, G., Singh, S., & Hussain, R. (2014). Intended and unintended pregnancies worldwide in 2012 and recent trends. *Studies in Family Planning, 45*(3), 301–314. https://doi.org/10.1111/j.1728-4465.2014.00393.x

2 Bardos, J., Hercz, D., Friedenthal, J., Missmer, S. A., & Williams, Z. (2015). A national survey on public perceptions of miscarriage. *Obstetrics & Gynecology, 125*(6), 1313–1320. https://doi.org/10.1097/aog.0000000000000859

3 다음 사이트를 참고했다. https://www.mayoclinic.org/diseases-conditions/pregnancy-loss-miscarriage/symptoms-causes/syc-20354298

4 다음 논문들을 참조했다. Lok, I. H., Yip, A. S.-K., Lee, D. T.-S., Sahota, D., & Chung, T. K.-H. (2010). A 1-year longitudinal study of psychological morbidity after miscarriage. *Fertility and Sterility, 93*(6), 1966–1975. https://doi.org/10.1016/j.fertnstert.2008.12.048; Hong, J.-E., & Park, J.-M. (2017). A phenomenological study on the spontaneous abortion experiences of women. *Korean Journal of Women Health Nursing, 23*(2), 63. https://doi.org/10.4069/kjwhn.2017.23.2.63

5 Hodes-Wertz, B., Grifo, J., Ghadir, S., Kaplan, B., Laskin, C. A., Glassner, M., & Munné, S. (2012). Idiopathic recurrent miscarriage is caused mostly by aneuploid embryos. *Fertility and Sterility, 98*(3), 675–680. https://doi.org/10.1016/j.fertnstert.2012.05.025

6 다음 논문들을 참조했다. Soler, A., Morales, C., Mademont-Soler, I., Margarit, E., Borrell, A., Borobio, V., … Sánchez, A. (2017). Overview of chromosome abnormalities in first trimester miscarriages: A series of 1,011 consecutive chorionic villi sample karyotypes. *Cytogenetic and Genome Research, 152*(2), 81–89. https://doi.org/10.1159/000477707; Jenderny, J. (2014). Chromosome aberrations in a large series of spontaneous miscarriages in the German population and review of the literature. *Molecular Cytogenetics, 7*(1), 38. https://doi.org/10.1186/1755-8166-7-38; Eiben B, Bartels I, Bähr-Porsch S, Borgmann S, Gatz G, et al. (1990). Cytogenetic analysis of 750 spontaneous abortions with the direct-preparation method of chorionic villi and its implications for studying genetic causes of pregnancy wastage. *American Journal of Human Genetics, 47,* 656-663

7 Holubcova, Z., Blayney, M., Elder, K., & Schuh, M. (2015). Error-prone chromosome-mediated spindle assembly favors chromosome segregation defects in human oocytes. *Science, 348*(6239), 1143-1147. https://doi.org/10.1126/science.aaa9529

8 Hoffmann, S., Maro, B., Kubiak, J. Z., & Polanski, Z. (2011). A single bivalent efficiently inhibits cyclin B1 degradation and polar body extrusion in mouse oocytes indicating robust SAC during female meiosis I. *PLoS ONE, 6*(11), e27143. https://doi.org/10.1371/journal.pone.0027143; Hirohisa Kyogoku, Tomoya S. Kitajima. (2017). Large cytoplasm is linked to the error-prone nature of oocytes. *Developmental Cell, 41*(3), 287-298. https://doi.org/10.1016/j.devcel.2017.04.009

9 Minshull, J., Sun, H., Tonks, N. K., & Murray, A. W. (1994). A MAP kinase-dependent spindle assembly checkpoint in Xenopus egg extracts. *Cell, 79*(3), 475-486. https://doi.org/10.1016/0092-8674(94)90256-9

10 Lane, S., & Kauppi, L. (2018). Meiotic spindle assembly checkpoint and aneuploidy in males versus females. *Cellular and Molecular Life Sciences, 76*(6), 1135-1150. https://doi.org/10.1007/s00018-018-2986-6

11 Bardos, J. et al. (2015).

12 Li, Y., Sun, X., & Dey, S. K. (2015). Entosis allows timely elimination of the luminal epithelial barrier for embryo implantation. *Cell Reports, 11*(3), 358-365. https://doi.org/10.1016/j.celrep.2015.03.035

13 Wachtel, S. S., Sammons, D., Twitty, G., Utermohlen, J., Tolley, E., Phillips, O., & Shulman, L. P. (1998). Charge flow separation: Quantification of nucleated red blood cells in maternal blood during pregnancy. *Prenatal Diagnosis, 18*(5), 455-463. https://doi.org/10.1002/(SICI)1097-0223(199805)18:5⟨455::AID-

PD309>3.0.CO;2-T

14 Fan, H. C., Blumenfeld, Y. J., Chitkara, U., Hudgins, L., & Quake, S. R. (2008). Noninvasive diagnosis of fetal aneuploidy by shotgun sequencing DNA from maternal blood. *Proceedings of the National Academy of Sciences, 105*(42), 16266–16271. https://doi.org/10.1073/pnas.0808319105

15 Fan, H. C., Gu, W., Wang, J., Blumenfeld, Y. J., El-Sayed, Y. Y., & Quake, S. R. (2012). Non-invasive prenatal measurement of the fetal genome. *Nature, 487*(7407), 320–324. https://doi.org/10.1038/nature11251

16 Ngo, T. T. M., Moufarrej, M. N., Rasmussen, M.-L. H., Camunas-Soler, J., Pan, W., Okamoto, J., … Quake, S. R. (2018). Noninvasive blood tests for fetal development predict gestational age and preterm delivery. *Science, 360*(6393), 1133–1136. https://doi.org/10.1126/science.aar3819

17 Ngo, T. T. M., Moufarrej, M. N., Rasmussen, M.-L. H., Camunas-Soler, J., Pan, W., Okamoto, J., … Quake, S. R. (2018). Noninvasive blood tests for fetal development predict gestational age and preterm delivery. *Science, 360*(6393), 1133–1136. https://doi.org/10.1126/science.aar3819

18 Blencowe, H., Cousens, S., Chou, D., Oestergaard, M., Say, L., … Moller, A.-B. (2013). Born too soon: The global epidemiology of 15 million preterm births. *Reproductive Health, 10*(Suppl 1), S2. https://doi.org/10.1186/1742-4755-10-s1-s2

19 Nancy, P., Tagliani, E., Tay, C.-S., Asp, P., Levy, D. E., & Erlebacher, A. (2012). Chemokine gene silencing in decidual stromal cells limits T Cell access to the maternal-fetal interface. *Science, 336*(6086), 1317–1321. https://doi.org/10.1126/science.1220030

20 Boddy, A. M., Fortunato, A., Wilson Sayres, M., & Aktipis, A. (2015). Fetal microchimerism and maternal health: A review and evolutionary analysis of cooperation and conflict beyond the womb. *BioEssays, 37*(10), 1106–1118. https://doi.org/10.1002/bies.201500059

21 통계 수치는 다음 사이트를 참고했다. OECD. Stat, https://stats.oecd.org/index.aspx?queryid=30116

22 Abalos, E., Cuesta, C., Grosso, A. L., Chou, D., & Say, L. (2013). Global and regional estimates of preeclampsia and eclampsia: A systematic review. *European Journal of Obstetrics & Gynecology and Reproductive Biology, 170*(1), 1-7. https://doi.org/10.1016/j.ejogrb.2013.05.005

23 Shennan, A. H., Green, M., & Chappell, L. C. (2017). Maternal deaths in the UK: pre-eclampsia deaths are avoidable. *The Lancet, 389*(10069), 582-584. https://doi.org/10.1016/s0140-6736(17)30184-8

24 다음 인터넷 기사를 참조했다. "임신 중 혈압이 오른다면 임신중독증 의심해야", 의사신문, 2018.10.16 수정, http://www.doctorstimes.com/news/articleView.html?idxno=200855

25 Cnattingius, S., Reilly, M., Pawitan, Y., & Lichtenstein, P. (2004). Maternal and fetal genetic factors account for most of familial aggregation of preeclampsia: A population-based Swedish cohort study. *American Journal of Medical Genetics, 130A*(4), 365-371. https://doi.org/10.1002/ajmg.a.30257

26 McGinnis, R., Steinthorsdottir, V., Williams, N. O., Thorleifsson, G., … Shooter, S. (2017). Variants in the fetal genome near FLT1 are associated with risk of preeclampsia. *Nature Genetics, 49*(8), 1255-1260. https://doi.org/10.1038/ng.3895

27 관련해 다음 기사를 참조했다. "Rethinking Bed Rest For Pregnancy", NPR, modified Nov 26. 2018, https://www.npr.org/sections/health-shots/2018/11/26/669229437/rethinking-bed-rest-for-pregnancy

28 Grobman, W. A., Gilbert, S. A., Iams, J. D., Spong, C. Y., Saade, G., Mercer, B. M., … Peter Van Dorsten, J. (2013). Activity restriction among women with a short cervix. *Obstetrics & Gynecology, 121*(6), 1181-1186. https://doi.org/10.1097/aog.0b013e3182917529

3강

1 Pantel, Pauline Schmitt, ed. (1992). *History of Women in the West, Volume I: From*

Ancient Goddesses to Christian Saints Cambridge, Cambridge, MA: Harvard University Press.

2 Mittwoch, U. (2000). Three thousand years of questioning sex determination. *Cytogenetic and Genome Research, 91*(1-4), 186-191. https://doi.org/10.1159/000056842

3 Otter, M., Schrander-Stumpel, C. T., & Curfs, L. M. (2009). Triple X syndrome: A review of the literature. *European Journal of Human Genetics, 18*(3), 265-271. https://doi.org/10.1038/ejhg.2009.109

4 Page, D. C., Mosher, R., Simpson, E. M., Fisher, E. M. C., Mardon, G., Pollack, J., … Brown, L. G. (1987). The sex-determining region of the human Y chromosome encodes a finger protein. *Cell, 51*(6), 1091-1104. https://doi.org/10.1016/0092-8674(87)90595-2

5 Uhlenhaut, N. H., & Treier, M. (2006). Foxl2 function in ovarian development. *Molecular Genetics and Metabolism, 88*(3), 225-234. https://doi.org/10.1016/j.ymgme.2006.03.005

6 Uhlenhaut, N. H., Jakob, S., Anlag, K., Eisenberger, T., Sekido, R., Kress, J., … Treier, M. (2009). Somatic sex reprogramming of adult ovaries to testes by FOXL2 ablation. *Cell, 139*(6), 1130-1142. https://doi.org/10.1016/j.cell.2009.11.021

7 Matson, C. K., Murphy, M. W., Sarver, A. L., Griswold, M. D., Bardwell, V. J., & Zarkower, D. (2011). DMRT1 prevents female reprogramming in the postnatal mammalian testis. *Nature, 476*(7358), 101-104. https://doi.org/10.1038/nature10239

8 Jiang, J., Jing, Y., Cost, G. J., Chiang, J.-C., Kolpa, H. J., Cotton, A. M., … Lawrence, J. B. (2013). Translating dosage compensation to trisomy 21. *Nature, 500*(7462), 296-300. https://doi.org/10.1038/nature12394

9 Surani, M. A. H., Barton, S. C., & Norris, M. L. (1984). Development of reconstituted mouse eggs suggests imprinting of the genome during gametogenesis. *Nature, 308*(5959), 548-550. https://doi.org/10.1038/308548a0; McGrath, J., & Solter, D. (1984). Completion of mouse embryogenesis requires both the maternal and paternal genomes. *Cell, 37*(1), 179–183. https://doi.org/10.1016/0092-8674(84)90313-1

10 Miho Ishida, Gudrun E. Moore. (2013). The role of imprinted genes in humans. *Molecular Aspects of Medicine, 34*(4), 826–840. https://doi.org/10.1016/j.mam.2012.06.009

11 Meng, L., Ward, A. J., Chun, S., Bennett, C. F., Beaudet, A. L., & Rigo, F. (2014). Towards a therapy for Angelman syndrome by targeting a long non-coding RNA. *Nature, 518*(7539), 409–412. https://doi.org/10.1038/nature13975

12 White, S. L., Collins, V. R., Wolfe, R., Cleary, M. A., Shanske, S., DiMauro, S., … Thorburn, D. R. (1999). Genetic counseling and prenatal diagnosis for the mitochondrial DNA mutations at nucleotide 8993. *The American Journal of Human Genetics, 65*(2), 474–482. https://doi.org/10.1086/302488

13 Shoubridge, E. A., & Wai, T. (2007). Mitochondrial DNA and the mammalian oocyte. In *The Mitochondrion in the Germline and Early Development* (pp. 87–111). Elsevier. https://doi.org/10.1016/s0070-2153(06)77004-1

14 Zhang, J., Liu, H., Luo, S., Lu, Z., Chávez-Badiola, A., Liu, Z., … Huang, T. (2017). Live birth derived from oocyte spindle transfer to prevent mitochondrial disease. *Reproductive BioMedicine Online, 34*(4), 361–368. https://doi.org/10.1016/j.rbmo.2017.01.013

4강

1 Ramalho-Santos, M., & Willenbring, H. (2007). On the Origin of the Term "Stem Cell." *Cell Stem Cell, 1*(1), 35–38. https://doi.org/10.1016/j.stem.2007.05.013

2 Thomson, J. A. tskovitz-Eldor, J., Shapiro, S. S., Waknitz, M. A., Swiergiel, J. J., Marshall, V. S. and Jones, J. M. (1998). Embryonic stem cell lines derived from human blastocysts. *Science, 282*(5391), 1145–1147. https://doi.org/10.1126/science.282.5391.1145

3 Tachibana, M., Amato, P., Sparman, M., Gutierrez, N. M., Tippner-Hedges, R., Ma, H., … Mitalipov, S. (2013). Human embryonic stem cells derived by somatic cell nuclear transfer. *Cell, 153*(6), 1228–1238. https://doi.org/10.1016/j.cell.2013.05.006

4 Gurdon, J. B. (1962). The developmental capacity of nuclei taken from intestinal epithelium cells of feeding tadpoles. *J. Embryol. Exp. Morphol.* 622–640

5 Gurdon, J. B., Laskey R. A., Reeves O. R. (1975). The developmental capacity of nuclei transplanted from keratinized cells of adult frogs. *Journal of embryology and experimental morphology*, *34*(1), 93–112

6 Wilmut, I., Schnieke, A. E., McWhir, J., Kind, A. J., & Campbell, K. H. S. (1997). Viable offspring derived from fetal and adult mammalian cells. *Nature, 385*(6619), 810–813. https://doi.org/10.1038/385810a0

7 Tachibana, M., Amato, P., Sparman, M., Gutierrez, N. M., Tippner-Hedges, R., Ma, H., … Mitalipov, S. (2013).

8 Hyun, I., Wilkerson, A., & Johnston, J. (2016). Embryology policy: Revisit the 14-day rule. *Nature, 533*(7602), 169–171. https://doi.org/10.1038/533169a

9 Liu, Z., Cai, Y., Wang, Y., Nie, Y., Zhang, C., Xu, Y., … Sun, Q. (2018). Cloning of macaque monkeys by somatic cell nuclear transfer. *Cell, 172*(4), 881–887.e7. https://doi.org/10.1016/j.cell.2018.01.020

10 Ramalho-Santos, M., & Willenbring, H. (2007).

11 Mariani, J., Coppola, G., Zhang, P., Abyzov, A., Provini, L., Tomasini, L., … Vaccarino, F. M. (2015). FOXG1-dependent dysregulation of GABA/glutamate neuron differentiation in autism spectrum disorders. *Cell, 162*(2), 375–390. https://doi.org/10.1016/j.cell.2015.06.034

12 다음 기사를 참조했다. "Japan Approves iPS Cell Therapy Trial for Spinal Cord Injury", The Scientist, modified Feb 18, 2018, https://www.the-scientist.com/news-opinion/japan-approves-ips-cell-therapy-trial-for-spinal-cord-injury-65484

5강

1 다음 논문들을 참조했다. Milstone, L. M. (2004). Epidermal desquamation. Journal of *Dermatological Science, 36*(3), 131–140. https://doi.org/10.1016/j.jdermsci.2004.05.004; Egelrud, T. (2000). Desquamation in the stratum corneum. *Acta Dermato-Venereologica, 80*(0), 44–45. https://doi.org/10.1080/000155500750012513; Weschler, C. J., Langer, S., Fischer, A., Bekö, G., Toftum, J., Clausen, G. (2011). Squalene and cholesterol in dust from danish homes and daycare centers. *Environmental Science & Technology, 45*(9), 3872–3879. https://doi.org/10.1021/es103894r

2 Franco, R. S. (2012). Measurement of red cell lifespan and aging. *Transfusion Medicine and Hemotherapy, 39*(5), 302–307. https://doi.org/10.1159/000342232

3 Blanpain, C., Lowry, W. E., Geoghegan, A., Polak, L., & Fuchs, E. (2004). Self-renewal, multipotency, and the existence of two cell populations within an epithelial stem cell niche. *Cell, 118*(5), 635–648. https://doi.org/10.1016/j.cell.2004.08.012

4 Curtis, E., Martin, J. R., Gabel, B., Sidhu, N., Rzesiewicz, T. K., Mandeville, R., … Ciacci, J. D. (2018). A first-in-human, phase I study of neural stem cell transplantation for chronic spinal cord injury. *Cell Stem Cell, 22*(6), 941–950.e6. https://doi.org/10.1016/j.stem.2018.05.014

5 Li, L., & Clevers, H. (2010). Coexistence of quiescent and active adult stem cells in mammals. *Science, 327*(5965), 542–545. https://doi.org/10.1126/science.1180794

6 Dalerba, P., Kalisky, T., Sahoo, D., Rajendran, P. S., Rothenberg, M. E., Leyrat, A. A., … Quake, S. R. (2011). Single-cell dissection of transcriptional heterogeneity in human colon tumors. *Nature Biotechnology, 29*(12), 1120–1127. https://doi.org/10.1038/nbt.2038

7 Furth J., Kahn M. C., Breedis C. (1937). The transmission of leukemia of mice with a single cell. *American Journal of Cancer, 31*(2), 276–282. doi: 10.1158/ajc.1937.276.

8 Al-Hajj, M., Wicha, M. S., Benito-Hernandez, A., Morrison, S. J., & Clarke,

M. F. (2003). Prospective identification of tumorigenic breast cancer cells. *Proceedings of the National Academy of Sciences, 100*(7), 3983–3988. https://doi.org/10.1073/pnas.0530291100

9 Singh, S. K., Hawkins, C., Clarke, I. D., Squire, J. A., Bayani, J., Hide, T., … Dirks, P. B. (2004). Identification of human brain tumour initiating cells. *Nature, 432*(7015), 396–401. https://doi.org/10.1038/nature03128

10 다음 논문들을 참고했다. O'Brien, C.A., Pollett, A., Gallinger, S. & Dick, J.E. (2016). A human colon cancer cell capable of initiating tumour growth in immunodeficient mice. *Nature, 445*(7123), 106–110. http://doi.org/10.1038/nature05372; Ricci-Vitiani, L. et al. Identification and expansion of human colon-cancer-initiating cells. *Nature, 445*(7123), 111–115. http://doi.org/10.1038/nature05384; Dalerba, P. et al. (2007). Phenotypic characterization of human colorectal cancer stem cells. *Proceedings of the National Academy of Sciences, 104.* 10158–10163. http://doi.org/10.1073/pnas.0703478104

11 Batlle, E., & Clevers, H. (2017). Cancer stem cells revisited. *Nature Medicine, 23*(10), 1124–1134. https://doi.org/10.1038/nm.4409

12 Metcalf, D. (1963). The autonomous behaviour of normal thymus grafts. *Australian journal of experimental biology and medical science, 41,* 437–447

13 Metcalf, D. (1964). Restricted growth capacity of multiple spleen grafts. *Transplantation, 2,* 387–392.

14 Twitty, V. C., & Schwind, J. L. (1931). The growth of eyes and limbs transplanted heteroplastically between two species of Amblystoma. *Journal of Experimental Zoology, 59*(1), 61–86. https://doi.org/10.1002/jez.1400590105

15 Moolten, F. L., & Bucher, N. L. R. (1967). Regeneration of rat liver: Transfer of humoral agent by cross circulation. *Science, 158*(3798), 272–274. https://doi.org/10.1126/science.158.3798.272

16 Huch, M., & Koo, B.-K. (2015). Modeling mouse and human development using organoid cultures. *Development, 142*(18), 3113–3125. https://doi.org/10.1242/dev.118570

17 van der Flier, L. G., & Clevers, H. (2009). Stem cells, self-renewal, and differentiation in the intestinal epithelium. *Annual Review of Physiology, 71*(1), 241–260. https://doi.org/10.1146/annurev.physiol.010908.163145

18 Hopwood, N. (2019). Inclusion and exclusion in the history of developmental biology. *Development, 146*(7), dev175448. https://doi.org/10.1242/dev.175448

19 Johnson, J., Canning, J., Kaneko, T., Pru, J. K., & Tilly, J. L. (2004). Germline stem cells and follicular renewal in the postnatal mammalian ovary. *Nature, 428*(6979), 145–150. https://doi.org/10.1038/nature02316

20 Byskov, A. G., Faddy, M. J., Lemmen, J. G., & Andersen, C. Y. (2005). Eggs forever? *Differentiation, 73*(9–10), 438–446. https://doi.org/10.1111/j.1432-0436.2005.00045.x; Kerr, J. B., Brogan, L., Myers, M., Hutt, K. J., Mladenovska, T., Ricardo, S., … Findlay, J. K. (2012). The primordial follicle reserve is not renewed after chemical or Đ-irradiation mediated depletion. *Reproduction, 143*(4), 469–476. https://doi.org/10.1530/rep-11-0430

21 Horan, C. J., & Williams, S. A. (2017). Oocyte stem cells: Fact or fantasy? *Reproduction, 154*(1), R23–R35. https://doi.org/10.1530/rep-17-0008

22 White, Y. A. R., Woods, D. C., Takai, Y., Ishihara, O., Seki, H., & Tilly, J. L. (2012). Oocyte formation by mitotically active germ cells purified from ovaries of reproductive-age women. *Nature Medicine, 18*(3), 413–421. https://doi.org/10.1038/nm.2669

23 Zhang, H., Zheng, W., Shen, Y., Adhikari, D., Ueno, H., & Liu, K. (2012). Experimental evidence showing that no mitotically active female germline progenitors exist in postnatal mouse ovaries. *Proceedings of the National Academy of Sciences, 109*(31), 12580–12585. https://doi.org/10.1073/pnas.1206600109

24 다음 기사를 참조했다. "Ovarian Stem Cell Debate", The Scientist, modified Jul 9, 2012, https://www.the-scientist.com/news-opinion/ovarian-stem-cell-debate-40758

25 Bhartiya, D., & Patel, H. (2017). Ovarian stem cells—resolving controversies. *Journal of Assisted Reproduction and Genetics, 35*(3), 393–398. https://doi.org/10.1007/s10815-017-1080-6

26 다음 논문들을 참조했다. Horan, C. J., & Williams, S. A. (2017); Bhartiya, D., & Patel, H. (2017).

6강

1 Nishioka, N., Inoue, K., Adachi, K., Kiyonari, H., Ota, M., Ralston, A., … Sasaki, H. (2009). The hippo signaling pathway components Lats and Yap pattern Tead4 activity to distinguish mouse trophectoderm from inner cell mass. *Developmental Cell, 16*(3), 398–410. https://doi.org/10.1016/j.devcel.2009.02.003

2 Condie B.G. & Capecchi M.R. (1993). Mice homozygous for a targeted disruption of Hoxd-3 (Hox-4.1) exhibit anterior transformations of the first and second cervical vertebrae, the atlas and the axis. *Development, 119*(3), 579–595

3 다음 논문들을 참조했다. Brassett, C., & Ellis, H. (1991). Transposition of the viscera: A review. *Clinical Anatomy, 4*(2), 139–147. https://doi.org/10.1002/ca.980040209; Paschala, A., & Koufakis, T. (2015). Looking in the mirror: Situs inversus totalis. *Pan African Medical Journal, 20.* https://doi.org/10.11604/pamj.2015.20.87.6139

4 Serraf, A., Bensari, N., Houyel, L., Capderou, A., Roussin, R., Lebret, E., … Belli, E. (2010). Surgical management of congenital heart defects associated with heterotaxy syndrome. *European Journal of Cardio-Thoracic Surgery, 38*(6), 721–727. https://doi.org/10.1016/j.ejcts.2010.02.044

5 다음 논문들을 참조했다. Okada, Y., Takeda, S., Tanaka, Y., Belmonte, J.-C. I., & Hirokawa, N. (2005). Mechanism of nodal flow: A conserved symmetry breaking event in left-right axis determination. *Cell, 121*(4), 633–644. https://doi.org/10.1016/j.cell.2005.04.008; Nonaka, S., Shiratori, H., Saijoh, Y., & Hamada, H. (2002). Determination of left-right patterning of the mouse embryo by artificial nodal flow. *Nature, 418*(6893), 96–99. https://doi.org/10.1038/nature00849

6 Yuan, S., Zhao, L., Brueckner, M., & Sun, Z. (2015). Intraciliary calcium oscillations initiate vertebrate left-right asymmetry. *Current Biology, 25*(5), 556–567.

https://doi.org/10.1016/j.cub.2014.12.051

7 Brennan, J. (2002). Nodal activity in the node governs left-right asymmetry. *Genes & Development, 16*(18), 2339–2344. https://doi.org/10.1101/gad.1016202

8 Shiratori, H. (2006). The left-right axis in the mouse: From origin to morphology. *Development, 133*(11), 2095–2104. https://doi.org/10.1242/dev.02384

9 Muller, P., Rogers, K. W., Yu, S. R., Brand, M., & Schier, A. F. (2013). Morphogen transport. *Development, 140*(8), 1621–1638. https://doi.org/10.1242/dev.083519

10 Hyun, I., Wilkerson, A., & Johnston, J. (2016). Embryology policy: Revisit the 14-day rule. *Nature, 533*(7602), 169–171. https://doi.org/10.1038/533169a

11 Hammond-Browning, N. (2015). Ethics, embryos, and evidence: A look back at warnock. *Medical Law Review, 23*(4), 588–619. https://doi.org/10.1093/medlaw/fwv028

12 Chan, S. (2018). How and why to replace the 14-day rule. *Current Stem Cell Reports, 4*(3), 228–234. https://doi.org/10.1007/s40778-018-0135-7

13 다음 논문들을 참조했다. Deglincerti, A., Croft, G. F., Pietila, L. N., Zernicka-Goetz, M., Siggia, E. D., & Brivanlou, A. H. (2016). Self-organization of the in vitro attached human embryo. *Nature, 533*(7602), 251–254. https://doi.org/10.1038/nature17948; Shahbazi, M. N., Jedrusik, A., Vuoristo, S., Recher, G., Hupalowska, A., Bolton, V., … Zernicka-Goetz, M. (2016). Self-organization of the human embryo in the absence of maternal tissues. *Nature Cell Biology, 18*(6), 700–708. https://doi.org/10.1038/ncb3347

14 Warmflash, A., Sorre, B., Etoc, F., Siggia, E. D., & Brivanlou, A. H. (2014). A method to recapitulate early embryonic spatial patterning in human embryonic stem cells. *Nature Methods, 11*(8), 847–854. https://doi.org/10.1038/nmeth.3016

15 다음 논문들을 참조했다. Pera, M. F., de Wert, G., Dondorp, W., Lovell-Badge, R., Mummery, C. L., Munsie, M., & Tam, P. P. (2015). What if stem cells turn into embryos in a dish? *Nature Methods, 12*(10), 917–919. https://doi.org/10.1038/nmeth.3586; Chan, S. (2018).

16 Chan, S. (2018).

7강

1 Gilbert, Scott F., (2013). *Developmental Biology.* Sunderland, MA: Sinauer Associates

2 Machado, I. N., Martinez, S. D., & Barini, R. (2012). Anencephaly: Do the pregnancy and maternal characteristics impact the pregnancy outcome? *ISRN Obstetrics and Gynecology, 2012,* 1–5. https://doi.org/10.5402/2012/127490

3 Spemann, Hans, and Hilde Mangold. (2001, riginally published 1924 in *Archiv für Mikroskopische Anatomie und Entwicklungsmechanik, 100,* 599–638). Induction of embryonic primordia by implantation of organizers from a different species, *The International Journal of Developmental Biology, 45*(1), 13–38.

4 Tickle, C., & Towers, M. (2017). Sonic Hedgehog Signaling in Limb Development. *Frontiers in Cell and Developmental Biology, 5.* https://doi.org/10.3389/fcell.2017.00014

5 Tickle, C., & Towers, M. (2017).

6 Towers, M., Signolet, J., Sherman, A., Sang, H., & Tickle, C. (2011). Insights into bird wing evolution and digit specification from polarizing region fate maps. *Nature Communications, 2*(1). https://doi.org/10.1038/ncomms1437

7 Sun, M., Ma, F., Zeng, X., Liu, Q., Zhao, X.-L., Wu, F.-X., ··· Zhang, X. (2008). Triphalangeal thumb-polysyndactyly syndrome and syndactyly type IV are caused by genomic duplications involving the long range, limb-specific SHH enhancer. *Journal of Medical Genetics, 45*(9), 589–595. https://doi.org/10.1136/jmg.2008.057646

8 Poelmann, R. E., & Gittenberger-de Groot, A. C. (2005). Apoptosis as an instrument in cardiovascular development. *Birth Defects Research Part C: Embryo Today: Reviews, 75*(4), 305–313. https://doi.org/10.1002/bdrc.20058

9 Yamaguchi, Y., & Miura, M. (2015). Programmed cell death in neurodevelopment. *Developmental Cell, 32*(4), 478–490. https://doi.org/10.1016/j.devcel.2015.01.019

10 Uhlirova, M., Jasper, H., & Bohmann, D. (2005). Non-cell-autonomous induction of tissue overgrowth by JNK/Ras cooperation in a Drosophila tumor model. *Proceedings of the National Academy of Sciences, 102*(37), 13123–13128. https://doi.org/10.1073/pnas.0504170102

11 Pérez-Garijo, A., & Steller, H. (2015). Spreading the word: Non-autonomous effects of apoptosis during development, regeneration and disease. *Development, 142*(19), 3253–3262. https://doi.org/10.1242/dev.127878

12 Li, F., Huang, Q., Chen, J., Peng, Y., Roop, D. R., Bedford, J. S., & Li, C.-Y. (2010). Apoptotic cells activate the "Phoenix Rising" pathway to promote wound healing and tissue regeneration. *Science Signaling, 3*(110), ra13–ra13. https://doi.org/10.1126/scisignal.2000634

13 Pérez-Garijo, A., & Steller, H. (2015).

14 Huang, Q., Li, F., Liu, X., Li, W., Shi, W., Liu, F.-F., … Li, C.-Y. (2011). Caspase 3-mediated stimulation of tumor cell repopulation during cancer radiotherapy. *Nature Medicine, 17*(7), 860–866. https://doi.org/10.1038/nm.2385

15 Halder, G., Callaerts, P., & Gehring, W. (1995). Induction of ectopic eyes by targeted expression of the eyeless gene in Drosophila. *Science, 267*(5205), 1788–1792. https://doi.org/10.1126/science.7892602

16 Halder, G., Callaerts, P., & Gehring, W. (1995).

17 Curradi, M., Izzo, A., Badaracco, G., & Landsberger, N. (2002). Molecular mechanisms of gene silencing mediated by DNA methylation. *Molecular and Cellular Biology, 22*(9), 3157–3173. https://doi.org/10.1128/mcb.22.9.3157-3173.2002

18 Blencowe, H., Kancherla, V., Moorthie, S., Darlison, M. W., & Modell, B. (2018). Estimates of global and regional prevalence of neural tube defects for 2015: a systematic analysis. *Annals of the New York Academy of Sciences, 1414*(1), 31–46. https://doi.org/10.1111/nyas.13548

19 이와 관련해 다음 기사를 참조했다. "Folic acid: new research is a 'gamechanger' in push to fortify British foods", The Gaurdian, modified Jan 31, 2018, https://www.theguardian.com/society/2018/jan/31/folic-acid-new-research-is-a-game-changer-in-push-to-fortify-british-foods

20 Wald, N., Sneddon, J. et al. (1991). Prevention of neural tube defects: Results of the Medical Research Council Vitamin Study. *The Lancet, 338*(8760), 131–137. https://doi.org/10.1016/0140-6736(91)90133-a

21 Wald, N. J., Morris, J. K., & Blakemore, C. (2018). Public health failure in the prevention of neural tube defects: Time to abandon the tolerable upper intake level of folate. *Public Health Reviews, 39*(1). https://doi.org/10.1186/s40985-018-0079-6

22 이와 관련해 다음 사이트를 참조했다. "Updated Estimates of Neural Tube Defects Prevented by Mandatory Folic Acid Fortification—United States, 1995–2011", CDC, https://www.cdc.gov/MMWr/preview/mmwrhtml/mm6401a2.htm

23 De Wals, P., Tairou, F., Van Allen, M. I., Uh, S.-H., Lowry, R. B., Sibbald, B., … Niyonsenga, T. (2007). Reduction in neural-tube defects after folic acid fortification in Canada. *New England Journal of Medicine, 357*(2), 135–142. https://doi.org/10.1056/nejmoa067103

24 Wald, N. J., Morris, J. K., & Blakemore, C. (2018).

25 Bestwick, J. P., Huttly, W. J., Morris, J. K., & Wald, N. J. (2014). Prevention of neural tube defects: A cross-sectional study of the uptake of folic acid supplementation in vearly half a million women. *PLoS ONE, 9*(2), e89354. https://doi.org/10.1371/journal.pone.0089354

26 Wald, N. J., Morris, J. K., & Blakemore, C. (2018).

사진 출처

134쪽 그림 5-1. Walter B. A., Valera V. A., Pinto P. A., Merino M. J. (2013). Comprehensive microRNA profiling of prostate cancer. *journal of cancer, 4*(5):350-357. doi:10.7150/jca.6394.

140쪽 그림 5-2(아래). brain organoids in petri dish, day 40 by Jeantine Lunshof/CC BY 4.0. https://www.responsivescience.org/pub/mcscq3we#skin-brain-mind

164쪽 그림 6-3. Scanning electron micrographs of an early mouse embryo, with three somite pairs, viewed from the posterior by Dominic Norris/CC BY 4.0. https://www.researchgate.net/figure/Scanning-electron-micrographs-of-an-early-mouse-embryo-with-three-somite-pairs-viewed_fig4_276359232(from Benmerah, A., Durand, B., Giles, R. H., Harris, T., Kohl, L., Laclef, C., ... Bastin, P. (2015). The more we know, the more we have to discover: An exciting future for understanding cilia and ciliopathies. *Cilia, 4*(1). https://doi.org/10.1186/s13630-015-0014-0)

탄생의 과학

초판 1쇄 발행 2019년 7월 19일
초판 5쇄 발행 2023년 6월 12일

지은이 최영은

발행인 이재진 **단행본사업본부장** 신동해
편집장 김경림 **책임편집** 이민경 **본문 일러스트** 김명호
디자인 김은정 **홍보** 반여진 허지호 정지연
마케팅 최혜진 이은미 **제작** 정석훈

브랜드 웅진지식하우스 **주소** 경기도 파주시 회동길 20
문의전화 031-956-7430(편집) 02-3670-1123(마케팅)

홈페이지 www.wjbooks.co.kr
인스타그램 www.instagram.com/woongjin_readers
페이스북 https://www.facebook.com/woongjinreaders
블로그 blog.naver.com/wj_booking

발행처 ㈜웅진씽크빅
출판신고 1980년 3월 29일 제406-2007-000046호

ISBN 978-89-01-23296-6 03470

웅진지식하우스는 ㈜웅진씽크빅 단행본사업본부의 브랜드입니다.